Vasileios Xezonakis
Efstratios Ntantis

Problemas de transferência de calor com soluções

Vasileios Xezonakis
Efstratios Ntantis

Problemas de transferência de calor com soluções

Um livro abrangente para estudantes de graduação, seguido de uma solução exemplar de problemas do mundo real

ScienciaScripts

Imprint
Any brand names and product names mentioned in this book are subject to trademark, brand or patent protection and are trademarks or registered trademarks of their respective holders. The use of brand names, product names, common names, trade names, product descriptions etc. even without a particular marking in this work is in no way to be construed to mean that such names may be regarded as unrestricted in respect of trademark and brand protection legislation and could thus be used by anyone.

Cover image: www.ingimage.com

This book is a translation from the original published under ISBN 978-620-6-77509-6.

Publisher:
Sciencia Scripts
is a trademark of
Dodo Books Indian Ocean Ltd. and OmniScriptum S.R.L publishing group

120 High Road, East Finchley, London, N2 9ED, United Kingdom
Str. Armeneasca 28/1, office 1, Chisinau MD-2012, Republic of Moldova, Europe
Printed at: see last page
ISBN: 978-620-2-52978-5

ÍNDICE

1) A superfície interior da parede de um forno está a 180° C e a saída está a 30° C. Considerando que a condutividade térmica dos tijolos é 0,3 $\frac{W}{m\,°C}$ e a espessura da parede é de 50 mm. Calcule a transferência de calor por m^2 área da parede.

Solução

A aplicação da lei de Fourier dá:

$$\frac{Q}{A} = \frac{k(\theta_1 - \theta_2)}{\delta} = \frac{0.3(180-30)}{0.05} = 900\,\frac{W}{m^2}.$$

2) Um tubo de vapor com um diâmetro de entrada de 150 mm é coberto com um material isolante de 20 mm de espessura de condutividade térmica $k = 0.1\,\frac{W}{m°\,C}$. Considerando que a temperatura das superfícies interior e exterior é mantida a 300° C e a 50° C. Calcule a perda total de calor por unidade de comprimento do tubo.

Solução

Para o raio de entrada $r_1 = 75\ mm$, o respetivo raio de saída passa a ser:

$$r_2 = 75 + (2)(20) = 115\ mm$$

A aplicação da lei de Fourier dá:

$$Q = \frac{2\pi k l(\theta_1 - \theta_2)}{ln\frac{r_2}{r_1}} = \frac{2\pi(0.1)(2)(300 - 50)}{ln\frac{115}{75}} = \frac{3141}{0.427} = 7355.97\,\frac{W}{m}.$$

3) A água é bombeada através de um tubo de 2 m de comprimento, com uma condutividade térmica de $k = 50\,\frac{W}{m°\,C}$ a um ritmo de 500 $\frac{kg}{min}$. Assumindo que os

diâmetros interior e exterior do tubo são 300 mm e 500 mm, com uma temperatura inicial da água de 20° C. Determine o aumento de temperatura da água, quando a temperatura de saída do tubo é de 500° C.

Solução

A transferência de calor através do tubo por segundo é dada por:

$$Q = \frac{m C_p \Delta\theta}{60} = 500\frac{(4.2)(\theta_3 - 293)}{60} = 35(\theta_3 - 293) \tag{1}$$

Assim, a transferência de calor conduzida através do tubo é fornecida por:

$$Q = \frac{2\pi k L(\theta_1 - \theta_2)}{ln\frac{r_2}{r_1}} = \frac{2\pi(2)(50)\left(773 - \frac{(293+\theta_3)}{2}\right)}{\ln\left(\frac{0,05}{0,03}\right)} \tag{2}$$

Assim, igualando as expressões (1) e (2) obtém-se

$35(\theta_3 - 293) = 123176(626.5 - \frac{\theta_3}{2})$ e reorganizando em relação a θ_3 dá:

$\theta_3 = 1200\ K.$

Por conseguinte, a respectiva subida de temperatura torna-se:

$$\Delta\theta = \theta_3 - \theta_2 = 1200 - 293 = 907\ K.$$

4) Um recipiente de forma esférica com 2 m de diâmetro tem 50 mm de espessura e a condutividade térmica da esfera é 0,3 $\frac{kJ}{m\,°C}$. Calcule a transferência de calor da fuga, se a diferença de temperatura entre a entrada e a saída for de 100° C.

Solução

$r_2 = 1\ m.$

Assim, $r_1 = r_2 - \delta = 1 - 0.05 = 0.95\ m.$

A respectiva transferência de calor através do recipiente esférico é dada por

$$Q = \frac{4(\pi)(k)(r_1)(r_2)(\Delta\theta)}{\Delta r} = \frac{4(\pi)(0.3)(0.95)\,(1)(100)}{0.95} = 7.161\ kJ.$$

5) As paredes da caldeira são constituídas por duas camadas (1) e (2), sendo a espessura e a condutividade térmica da camada 1st de 100 mm e 0,1 $\frac{W}{m\,°C}$, como se mostra na Figura

1. Para a camada 2nd , a espessura e a condutividade térmica são de 200 mm e 0,15 $\frac{W}{m\,°C}$. A superfície interna da camada 1st é mantida a 500° C e a superfície externa da camada 2nd é mantida a 200° C. Assumindo uma resistência térmica de contacto de 0,05 $\frac{°Cm}{W}$ por unidade de área na superfície, como ilustrado abaixo.

Determinar o:

i)   perdas de calor por m^2.

ii)   queda de temperatura na interface.

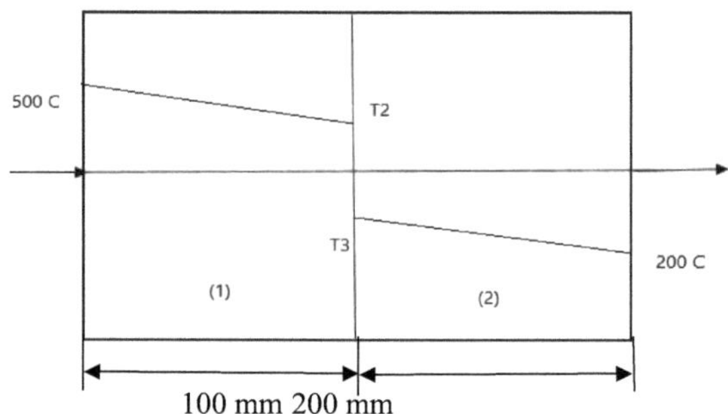

Figura 1: Paredes da caldeira de duas camadas.

<u>**Solução**</u>

i)   Perda de calor por área:

$$\frac{Q}{A} = \frac{\Delta\theta}{\sum R_A} = \frac{T_1-T_4}{R_1 + R_{contact} + R_2} = \frac{T_1-T_4}{\frac{\delta_1}{k_1} + R_{contact} + \frac{\delta_2}{k_2}} = \frac{500-200}{\frac{0.1}{0.1}0.05 + \frac{0.2}{0.15}} = 126.05\frac{W}{m^2}.$$

Assim, em cada camada, após o balanço energético, a taxa de calor torna-se:

ii) $q = \frac{T_1-T_2}{\frac{\delta_1}{k_1}} = \frac{T_3-T_4}{\frac{\delta_2}{k_2}}$, $126.05 = \frac{500-T_2}{\frac{0.1}{0.1}}$ e reordenando a temperatura T_2 torna-se:

$$T_2 = 500 - 126.5 = 373.5 \ °C.$$

A respectiva temperatura T_3 do balanço de energia na interface torna-se:

$q = \frac{T_3-200}{\frac{\delta_2}{k_2}}$, $126.05 = \frac{T_3-200}{\frac{0.2}{0.15}}$ e reorganizando em relação a T_3 torna-se:

$$T_3 = (126.05)(1.33) + 200 = 368\,°C.$$

Por conseguinte, a diferença de temperatura torna-se:

$$T_2 - T_3 = 373.5 - 368 = 5.5\,°C.$$

6) Um fio com um diâmetro de 2 mm (k = 10 $\frac{W}{m°C}$, $\rho = 10 * 10\,{}^\wedge -8\ \Omega m$) e um comprimento de 200 mm com uma tensão aplicada de 50 V. Considere que a superfície exterior do fio é mantida a 200° C. Calcule o:

i)   Temperatura no centro do fio.

Solução

i)   A resistência do fio é dada por: $R = \frac{\varrho l}{A} = \frac{(10*10^{-8})(0.2)}{\pi(0.001)^2} = 1.27\ \Omega.$

A respectiva taxa de calor gerada é dada por:
$$Q = VI = \frac{V^2}{R} = \frac{50^2}{1.27} = 1968.5\ W.$$

O calor gerado por unidade de volume passa a ser:

$$q_s = \frac{Q}{AL} = \frac{1968.5}{\pi(0.001)^2(0.02)} = 3.143 * 10^6\,\frac{W}{m^3}.$$

A temperatura no centro do fio é:

$$T_{center} = T_w + \frac{q_s}{4K}R^2 = 200 + 3.143 * \frac{10^6}{4\,(10)} * 0.001 = 207.85\ °C.$$

7)   Um fio elétrico de 20 mm de diâmetro é envolvido por uma cobertura de plástico de 5 mm de espessura com uma condutividade térmica k = 0.1 $\frac{W}{m°C}$. Uma corrente de 5 A, indicada por várias medições através do fio, com uma queda de tensão de 8 V ao longo do fio. Supondo que o fio isolado é exposto a uma temperatura ambiente $T_\infty = 20\,°C$, com um coeficiente de transferência de calor h = 10 $\frac{W}{m^2°C}$ ilustrado na figura abaixo.

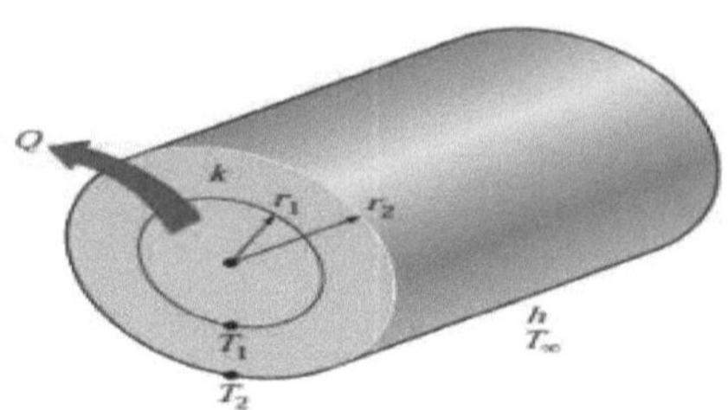

Figura 2: Diâmetro do fio elétrico envolvido por uma cobertura de plástico. Cortesia de (J.P Hollmann, com permissão).

Solução

Geometria do circuito térmico:

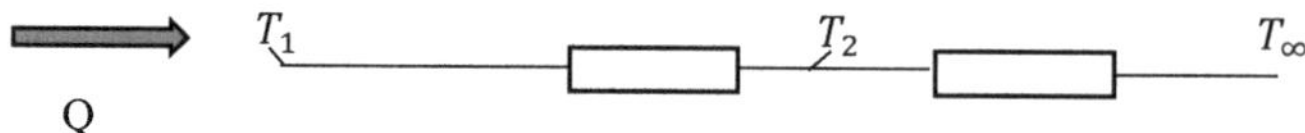

O calor elétrico Q é dado por:

$Q = VI = (5)(8) = 40 \, W$.

$d_1 = 17 \, mm, \; d_2 = 17 + 2(5) = 27 \, mm$.

$A_2 = \pi d_2 l = \pi(0.027)(5) = 0.042 \, m^2$.

As resistências térmicas respectivas do termo de convecção e do termo de condução dão

$$R_{convecton} = \frac{1}{hA_2} = \frac{1}{(10)(0.042)} = 2.358 \, \frac{^\circ C}{W}.$$

$$R_{conduction} = \frac{\ln\left(\frac{r_2}{r_1}\right)}{2\pi kL} = \frac{\ln\left(\frac{13.5}{8.5}\right)}{2\pi(0.1)(5)} = 0.147 \, \frac{^\circ C}{W}$$

Assim, a resistência térmica total é dada por:

$$R_{total} = R_{convecton} + R_{conduction} = 2.358 + 0.147 = 2.505 \, \frac{^\circ C}{W}.$$

Por conseguinte, a respectiva temperatura de superfície é fornecida por:

$Q = \frac{T_1 - T_\infty}{R_{total}}$, e reorganizando em relação a T_1 torna-se:

$T_1 = T_\infty + Q(R_{total}) = 20 + (40)(2.505) = 122.2 \, ^\circ C$.

8) Uma parede exterior de uma casa é representada por uma camada de 2 mm de espessura de tijolo comum com k = 0,6 $\frac{W}{m\,^\circ C}$, seguida de uma segunda camada de gesso de 1,5 mm de espessura com k = 0,48 $\frac{W}{m\,^\circ C}$. Calcule a espessura do isolamento de madeira-rocha de k = 0,065 $\frac{W}{m\,^\circ C}$ a acrescentar, para reduzir em 70 % a perda de calor através da madeira.

Solução

O termo global de perda de calor é dado por:

$q = \frac{\Delta T}{\sum R_{th}}$ e considerando a perda de calor com o isolamento de lã de rocha em 30 %, obtém-se

$$\frac{q\ with\ insulation}{q_{without\ insulation}} = 0.3 \qquad\qquad (1).$$

As resistências do tijolo são calculadas a partir do tijolo e do reboco:

$$R_{brick} = \frac{\Delta x}{k} = \frac{2}{0.7} = 3.33\ \frac{m^2\,^\circ C}{W}.$$

$$R_{plaster} = \frac{\Delta x}{k} = \frac{1.5}{0.48} = 3.125\ \frac{m^2\,^\circ C}{W}.$$

A resistência térmica total sem o isolamento é dada por:

$$R_{total} = 3.33 + 3.125 = 6.455\ \frac{m^2\,^\circ C}{W}.$$

A respectiva resistência térmica com isolamento torna-se:

$$R_{with\ insulation} = \frac{R_{without\ insulation}}{0.3} = \frac{6.455}{0.3} = 21.516\ \frac{m^2\,^\circ C}{W}.$$

Representando a soma dos valores anteriores e a resistência desconhecida para a lã de rocha, torna-se:

$$R_{with\ insulation} = R_{without\ insulation} + R_{rock\ wall}, \quad R_{rock\ wall} = 21.516 - 6.455 = 15.111\ \frac{m^2\,^\circ C}{W}.$$

Assumindo que $R_{rock\ wall} = (\frac{\delta}{K})_{rock\ wool}$, e reordenando em relação à espessura $\delta_{rock-wool}$, torna-se:

$$\delta_{rock-wool} = kR_{rock\ wall} = (0.065)(15.111) = 0.98\ m.$$

9) Calcular o raio crítico do isolamento de amianto ($k = 0{,}16\ \frac{W}{m\,^\circ C}$)que envolve um tubo exposto ao ar ambiente a 15° C, com um coeficiente global de transferência de calor h $= 2\ \frac{W}{m^2\,^\circ C}$. Calcule também a perda de calor de um tubo de 150° C e 3 cm de diâmetro, coberto com o raio crítico de isolamento e sem isolamento.

Solução

Raio crítico de isolamento do amianto:
$$r_c = \frac{k}{h} = \frac{0.16}{2} = 0.08\ m = 8\ cm.$$

O respetivo raio interior do isolamento é 3/2 = 1,5 cm, pelo que a transferência de calor por

O comprimento unitário é dado por:

$$\frac{q}{l} = 2\pi \frac{T_1 - T_2}{\frac{\ln\left(\frac{r_2}{r_1}\right)}{k} + \frac{1}{r_o h}} = \frac{2\pi(150 - 20)}{\frac{\ln\left(\frac{8}{1.5}\right)}{0.16} + \frac{1}{(8)(2)}} = 77.6 \frac{W}{m}.$$

Por conseguinte, sem o isolamento, a respectiva transferência de calor por convecção a partir da superfície do tubo exterior é:

$$\frac{q}{l} = 2\pi r h(T_i - T_o) = 2\pi(2)(0.015)(150 - 20) = 24.5 \frac{W}{m}.$$

Assim, a adição da espessura do isolamento de 6,5 cm aumenta a taxa de calor em:

$$Percentage\ increase\ (\%) = \left(\frac{24.5}{77.6}\right)\% = 0.316 = 31.6\ \%.$$

10) Uma alheta de alumínio ($k = 100\ \frac{W}{m\,^\circ C}$, com 20 mm de espessura e 10 cm de comprimento) pendurada numa parede a uma temperatura mantida de 200° C para uma temperatura ambiente de 20° C, com um coeficiente de transferência de calor por convecção de $h = 5\ \frac{W}{m^2\,^\circ C}$. Calcular a perda de calor da aleta por unidade de comprimento.

Solução

Aplicação do método de aproximação, estendendo a aleta um comprimento fictício t/2 e o cálculo da transferência de calor a partir de uma aleta com uma ponta isolada.

$$L_c = L + \frac{t}{2} = 10 + \frac{0.2}{2} = 10.1\ cm.$$

$$m = \left(\frac{hP}{kt}\right)^{0.5} = \left(\frac{h(2z+2t)}{kt}\right)^{-0.5} = \left(\frac{2h}{kt}\right)^{0.5} = \left(2\frac{(5)}{100(0.02)}\right)^{0.5} = 7.07.$$

Assim, para uma aleta isolada, a perda de transferência de calor por unidade de comprimento passa a ser

$q = \tanh(mh)\,((hmPkA)^{0.5}\Delta\theta)\,(1)$, para uma profundidade de 1 m e para uma área $A = 2 * 10^{-3}\ m^2$. Assim, a substituição dos dados dá:

$$q = \tanh(7.07)\,(10.1)(5)(7.07)(0.002)^{0.5}(180) = 478.62 \frac{W}{m}.$$

De forma idêntica, sem a vareta, as perdas de calor da alheta dão:

$$q = (1)(5)(7.07)(100)(0.002)(180) = 1276.2 \frac{W}{m}.$$

11) Alhetas de alumínio com 20 cm de largura e 20 mm de espessura são colocadas num tubo de 4 cm de diâmetro que dissipa o calor. A temperatura da superfície do tubo é de

$200°$ C e a respectiva temperatura ambiente é de $20°$ C. Assumindo que o coeficiente global de transferência de calor é h $= 100\ \frac{W}{m^2\ °C}$ e a condutividade térmica é k $= 100\ \frac{W}{m\ °C}$ determine as perdas de transferência de calor por aleta.

Solução

A transferência de calor é estimada através das curvas de eficiência das alhetas (ilustradas abaixo) e

os respectivos parâmetros são:

$$L_c = L + \frac{t}{2} = 2 + \frac{4}{2} = 4\ cm, \quad r_1 = \frac{4}{2} = 2\ cm \ e\ r_{2c} = r_1 + L_c = 2 + 4 = 6\ cm.$$

Assim, o rácio respetivo passa a ser:

$\frac{r_{2c}}{r_1} = \frac{6}{2} = 3$. Assim, a respectiva área A_m é dada por:

$$A_m = t(r_{2c} - r_1) = 0.002(0.06 - 0.02) = 0.00008\ m^2.$$

Assim, os respectivos parâmetros não dimensionais passam a ser:

$$(\sqrt[3]{L_c}\ \sqrt{\frac{h}{kA_m}}) = (0.02)^{1.5}\left(\frac{100}{(100)(0.0008)}\right)^{0.5} = 0.8944,$$

$\frac{r_{2c}}{r_1} = \frac{6}{2} = 3$e, de acordo com a Figura 3, a eficiência da aleta passa a ser de 0,5.

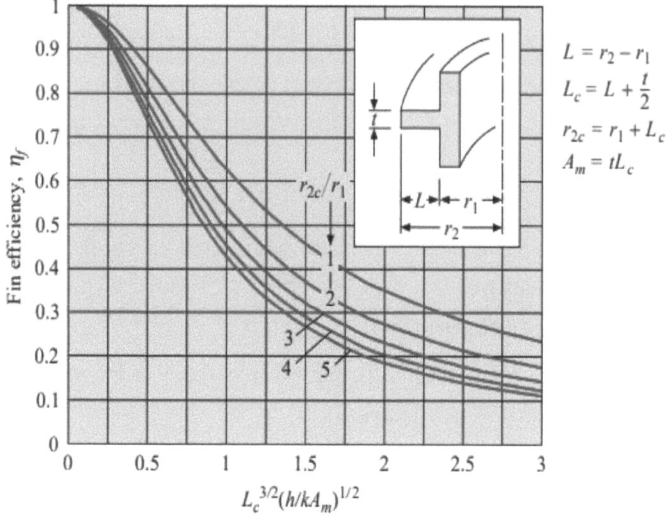

Figura 3: Curvas de eficiência das alhetas circunferenciais de perfis rectangulares.
(Cortesia de J.P Holmann 10th edição com autorização).

Assim, o calor é transferido, se todas as alhetas estiverem à temperatura da face:

$$q_{max} = 2\pi((r_{2c}^2 - r_1^2)(h)(T - T_\infty) = 2\pi((6^2 - 2^2)(100)(200 - 20) = 361.84\,W.$$

Por conseguinte, a transferência de calor efectiva é o produto entre o fluxo de calor e a eficiência da alheta,

$$q_{actual} = q_c\,n_f = (361.84)(0.5) = 180.92\,W.$$

12) As barras de aço inoxidável 304, cada uma com um diâmetro de 2 cm e um comprimento de 120 cm, apresentam superfícies retificadas em contacto, com uma rugosidade de 2μ m. Considerando que as superfícies são comprimidas em conjunto com uma pressão de 30 atm e que as barras combinadas estão sujeitas a uma diferença de temperatura de 70° C. Calcule o fluxo de calor axial e a diminuição de temperatura através da superfície de contacto. Tome o valor do coeficiente de condutividade térmica de k = 15 $\dfrac{W}{m\,°C}$.

Solução

O fluxo global de calor está sujeito a três resistências térmicas através da resistência de condução de cada barra, bem como da resistência de contacto.

Assim, as resistências térmicas tornam-se:

$$R_{thermal\ resistances} = \frac{\Delta x}{Ak} = \frac{0.2\pi}{\frac{\pi(0.2^2)}{4}(15)} = 1.33 \ \, °\frac{C\ m^2}{W}.$$

$$R_{conduct\ resistances} = \frac{1}{Ah_c} \hspace{4cm} (2).$$

h_c, é adotado do quadro 1 para o material em causa, ou seja $\frac{1}{h_c} = 5.28 * 10^{-4} \ m^2 \frac{°C}{W}$.

| | Roughness | | Temperature, | Pressure, | $h \cdot ft^2 \cdot °F/$ | $1/h_c$ |
Surface type	μ in	μm	°C	atm	Btu	$m^2 \cdot °C/W \times 10^4$
416 Stainless, ground, air	100	2.54	90–200	3–25	0.0015	2.64
304 Stainless, ground, air	45	1.14	20	40–70	0.003	5.28
416 Stainless, ground, with 0.001-in brass shim, air	100	2.54	30–200	7	0.002	3.52
Aluminum, ground, air	100	2.54	150	12–25	0.0005	0.88
	10	0.25	150	12–25	0.0001	0.18
Aluminum, ground, with 0.001-in brass shim, air	100	2.54	150	12–200	0.0007	1.23
Copper, ground, air	50	1.27	20	12–200	0.00004	0.07
Copper, milled, air	150	3.81	20	10–50	0.0001	0.18
Copper, milled, vacuum	10	0.25	30	7–70	0.0005	0.88

Tabela 1: Valores de condutância. (Cortesia e com permissão de J.P. Hollmann 10th edition).

Por conseguinte, a substituição na equação (2) dá $R_{conduct\ resistances} = \frac{1}{Ah_c} = 5.28 *$ $\frac{10^{-4}(4)}{\pi(0.02)^2} = \ \ 1.682 \ m^2 \frac{C}{W}$.

Assim, as resistências térmicas totais passam a ser:

$$\sum R_{total\ resistances} = R_{thermal\ resistances} + (R_{conduct\ resistances})(2)$$
$$= \ \ 1.3329 + (1.682)(2) = 5.6689 \ \frac{°C\ m^2}{W}.$$

O fluxo de calor global torna-se:

$$q = \frac{\Delta T}{\sum R_{total\ resistances}} = \frac{70}{5.6689} = 12.348 \ W.$$

A respectiva queda de temperatura através da superfície de contacto é calculada a partir do rácio entre a resistência de contacto e a resistência térmica total.

$$\frac{\Delta T_{contact}}{R_{contact}} = \frac{\Delta T}{\Sigma R_{total\ resistances}} \ , \ \Delta T_{contact} = \left(\frac{\Delta T}{\Sigma R_{total\ resistances}}\right)(R_{contact}) = \frac{(70)(1.682)}{(5.6689)} =$$
20.709 °C.

13) Estamos a tentar desenvolver copos de piquenique com 0,01 m de espessura de um novo material polimérico com uma condutividade térmica experimentada como, k $= k_o(1 + 0.1T)$, em que $k_o = 0.1 \frac{W}{m\ °C}$ e a temperatura T em° C. Suponha que o comportamento térmico no cenário posterior ocorre a uma temperatura T = 80° C, enquanto a temperatura exterior é de 5° C. Derive uma expressão da transferência de calor por condução (q) e calcule o seu valor em circunstâncias extremas.

Solução

Aplicação da lei de Fourier:

$$q = k\frac{dT}{dx},$$

$$k = k_o(1 + 0.1T)$$

Assim, a respectiva expressão passa a ser:

$$q = k_o(1 + 0.1T)\frac{dT}{dx} \tag{1},$$

Assim, após a integração, obtém-se

$$\int_0^{0.01}\frac{q}{k_o}dx = \int_5^{80}(1 + 0.1T)dT, \ q = (\frac{1}{0.1}[T + \frac{0.1T^2}{2}])_5^{100}, \ \text{e, após o cálculo do}$$

integral, obtém-se

$$q = 10(80 + \frac{0.1(80)^2}{2} - \left(5 + \frac{0.1(5)^2}{2}\right) = 2870.8\ W.$$

14) Dois discos paralelos de 100 cm de diâmetro estão separados por uma distância de 2 m num meio infinito com uma condutividade térmica k = 2 $\frac{W}{m\ °C}$. A temperatura do primeiro disco é de 60° C e a do segundo é de 15° C. Calcule a transferência de calor por condução entre estes dois discos.

Solução

A transferência de calor é calculada por:

$$q = kS\Delta\theta \qquad \text{(1), enquanto}$$

que S: é o fator de forma da condução entre estes dois discos paralelos imersos num meio infinito e a expressão adaptada do quadro 2 é

$$S = \frac{4\pi r}{\left(\frac{\pi}{2} - \tan^{-1}\left(\frac{r}{D}\right)\right)} = \frac{4\pi(0.5)}{\left(\frac{\pi}{2} - \tan^{-1}\left(\frac{0.5}{2}\right)\right)} = 4.74.$$

Assim, substituindo na eq. (1) obtém-se $q = 2(4.74)(45) = 426.6\ W$.

Physical system	Schematic	Shape factor	Restrictions
Thin rectangular plate of length L, buried in semi-infinite medium having isothermal surface	Isothermal	$\dfrac{\pi W}{\ln(4\ W/L)}$	$D = 0$ $W > L$
		$\dfrac{2\pi W}{\ln(4\ W/L)}$	$D \gg W$ $W > L$
		$\dfrac{2\pi W}{\ln(2\pi D/L)}$	$W \gg L$ $D > 2W$
Parallel disks buried in infinite medium		$\dfrac{4\pi r}{\left[\frac{\pi}{2} - \tan^{-1}(r/D)\right]}$	$D > 5r$ $\tan^{-1}(r/D)$ in radians
Eccentric cylinders of length L		$\dfrac{2\pi L}{\cosh^{-1}\left(\frac{r_1^2 + r_2^2 - D^2}{2 r_1 r_2}\right)}$	$L \gg r_2$
Cylinder centered in a square of length L		$\dfrac{2\pi L}{\ln(0.54\ W/r)}$	$L \gg W$

Tabela 2: Factores de forma de condução de diferentes sistemas físicos. (Cortesia e com autorização de J.P. Hollmann, edição de 10th).

15) Uma barra de aço ($c = 0.46\ \frac{kJ}{kg\ °C}$, $k = 20\ \frac{W}{m\ °C}$, $\rho = 7800\ \frac{kg}{m^3}$) de diâmetro 10 cm e inicialmente a uma temperatura uniforme de 400° C, é colocada num ambiente controlado a uma temperatura de 100° C. Admitindo que o coeficiente de transferência de calor por convecção é h = 5 $\frac{W}{m^2\ °C}$. Calcule o tempo necessário para que a esfera atinja uma temperatura de 20° C.

Solução

O método da capacidade global, devido ao baixo valor de h e ao valor mais elevado da condutividade térmica k, é aplicado.

Assim, $\dfrac{hV}{AK} = \dfrac{h\left(\frac{4}{3}\right)\pi(r)^3}{k\ 4\pi r^2} = \dfrac{h}{3\ k} = \dfrac{5}{60} = 0.0833 < 0.1.$

Por conseguinte, a seguinte fórmula pode ser aplicada, devido a esta condição:

$$\frac{hA}{\rho V c} = \frac{4\pi r^2 h}{\rho \frac{4}{3}\pi r^3 c} = \frac{3h}{\rho r} = \frac{(3)(5)}{(7800)(0.05)(460)} = 8.361 * 10^{-4}.$$

Por conseguinte, aplica-se a seguinte fórmula:

$$\frac{T - T_\infty}{T_0 - T_\infty} = e^{-\left(\frac{hA}{\rho V c}\right)\tau}$$

Substituindo os respectivos valores, obtém-se:

$$\frac{120 - 100}{400 - 100} = e^{-(8.361*10^{-4}\tau)}, \frac{20}{300} = e^{-8,361*10^{-4}\tau} \quad \text{tomando, portanto, ln em ambos os lados:}$$

$$ln\frac{20}{300} = \ln\left(e^{-8,361*10^{-4}\tau}\right), -2.708 = -(0.0008316)\tau, \quad \text{assim, transpondo com}$$

em relação a τ dá: $\tau = \dfrac{2.708}{0.0008316} = 3367.03 \, s, \quad \tau = 0.935 \, h.$

16) Uma barra de aço (k $= 40 \;\; \dfrac{W}{m \,^\circ C}$, $a = 1.4 * 10^{-5} \dfrac{m^2}{s}$) está inicialmente a uma temperatura uniforme de 30° C. Considerando que a superfície é expandida para um fluxo de calor de chapéu , aumentando a temperatura da superfície para 200° C, através de um fluxo de calor superficial constante de $3 * 10^5 \dfrac{W}{m^2}$. Determinar, a temperatura a uma profundidade de 3 cm após 0,6 mm de propósito.

Solução

Para um sólido semi-infinito, a respectiva equação é dada por:

$$\frac{x}{2\sqrt{a\tau}} = \frac{0.03}{2\sqrt{(1.4 * 10^{-6})(36)}} = 0.68.$$

Assim, a respectiva função de erro da tabela 2 passa a ser erf$(0.68) = 0.66278$.
De acordo com os dados de $T_i = 30 \;^\circ C$, $T_o = 200 \,^\circ C$, e a distribuição da temperatura à profundidade x $= 3$ cm torna-se

$$T(x,t) = T_o + (T_i - T_o)\, \text{erf}\left(\frac{x}{2\sqrt{a\tau}}\right) = 200 + (30 - 200)(0.66278) = 87.327\,^\circ C.$$

$\frac{x}{2\sqrt{\alpha\tau}}$	$\mathrm{erf}\,\frac{x}{2\sqrt{\alpha\tau}}$	$\frac{x}{2\sqrt{\alpha\tau}}$	$\mathrm{erf}\,\frac{x}{2\sqrt{\alpha\tau}}$	$\frac{x}{2\sqrt{\alpha\tau}}$	$\mathrm{erf}\,\frac{x}{2\sqrt{\alpha\tau}}$
0.00	0.00000	0.76	0.71754	1.52	0.96841
0.02	0.02256	0.78	0.73001	1.54	0.97059
0.04	0.04511	0.80	0.74210	1.56	0.97263
0.06	0.06762	0.82	0.75381	1.58	0.97455
0.08	0.09008	0.84	0.76514	1.60	0.97636
0.10	0.11246	0.86	0.77610	1.62	0.97804
0.12	0.13476	0.88	0.78669	1.64	0.97962
0.14	0.15695	0.90	0.79691	1.66	0.98110
0.16	0.17901	0.92	0.80677	1.68	0.98249
0.18	0.20094	0.94	0.81627	1.70	0.98379
0.20	0.22270	0.96	0.82542	1.72	0.98500
0.22	0.24430	0.98	0.83423	1.74	0.98613
0.24	0.26570	1.00	0.84270	1.76	0.98719
0.26	0.28690	1.02	0.85084	1.78	0.98817
0.28	0.30788	1.04	0.85865	1.80	0.98909
0.30	0.32863	1.06	0.86614	1.82	0.98994
0.32	0.34913	1.08	0.87333	1.84	0.99074
0.34	0.36936	1.10	0.88020	1.86	0.99147
0.36	0.38933	1.12	0.88079	1.88	0.99216
0.38	0.40901	1.14	0.89308	1.90	0.99279
0.40	0.42839	1.16	0.89910	1.92	0.99338
0.42	0.44749	1.18	0.90484	1.94	0.99392
0.44	0.46622	1.20	0.91031	1.96	0.99443
0.46	0.48466	1.22	0.91553	1.98	0.99489
0.48	0.50275	1.24	0.92050	2.00	0.995322
0.50	0.52050	1.26	0.92524	2.10	0.997020
0.52	0.53790	1.28	0.92973	2.20	0.998137
0.54	0.55494	1.30	0.93401	2.30	0.998857
0.56	0.57162	1.32	0.93806	2.40	0.999311
0.58	0.58792	1.34	0.94191	2.50	0.999593
0.60	0.60386	1.36	0.94556	2.60	0.999764
0.62	0.61941	1.38	0.94902	2.70	0.999866
0.64	0.63459	1.40	0.95228	2.80	0.999925
0.66	0.64938	1.42	0.95538	2.90	0.999959
0.68	0.66278	1.44	0.95830	3.00	0.999978
0.70	0.67780	1.46	0.96105	3.20	0.999994
0.72	0.69143	1.48	0.96365	3.40	0.999998
0.74	0.70468	1.50	0.96610	3.60	1.000000

Tabela 3: Valores da função de erro (cortesia e com permissão de J.P Hollman, edição 10th).

Uma vez que, um fluxo de calor constante $\frac{q_o}{A} = 3 * 10^5 \frac{W}{m^2}$, então a distribuição de temperatura é dada por:

$$T(x,\tau) - T_i = 2\frac{q_o}{Ak}\sqrt{\frac{\alpha\tau}{\pi}}\left(e^{-\frac{x^2}{4\alpha\tau}}\right) - \frac{q_o x}{Ak}\left(1 - \mathrm{erf}\left(\frac{x}{2\sqrt{\alpha\tau}}\right)\right)$$

e substituindo os respectivos dados obtém-se

$$T(x,\tau) = 30 + \frac{(2)\left(3*10^5\right)}{40} \frac{\sqrt{(1.4*10^{-5})(36)}}{\pi} = 260.56\ ^\circ C.$$

Assim, para uma superfície de fluxo de calor constante, a temperatura após 36 s é avaliada em x = 0, portanto:

$$T(x,\tau) - T_i = 2\frac{q_o}{Ak}\sqrt{\frac{\alpha\tau}{\pi}}\left(e^{-\frac{x^2}{4\alpha\tau}}\right) - \frac{q_o x}{Ak}\left(1 - \mathrm{erf}\left(\frac{x}{2\sqrt{\alpha\tau}}\right)\right)\text{, assim dá:}$$

$$\qquad\qquad 1 \qquad\qquad\qquad 0$$

$$T(0,\tau) = 30 + 2\frac{3 * 10^5}{40}\sqrt{\frac{(1.4 * 10^{-5})(36)}{\pi}} = 220.5 \ ^\circ C.$$

17) As temperaturas das superfícies interior e exterior de uma parede de 20 cm de espessura, no verão, são $T_1 = 20\ ^\circ C$, e $T_2 = 50\ ^\circ C$. A superfície exterior da parede troca calor por radiação com a superfície ambiental a 40° C, com o coeficiente de transferência de calor por convecção atribuído de $8\ \frac{W}{m^2\ ^\circ C}$, tal como previsto na figura 4. A irradiação solar também é considerada na superfície a uma taxa de $200\ \frac{W}{m}$. Considerando que os valores da emissividade e da absortividade solar da superfície exterior são 0,7, determine a condutividade térmica efectiva da parede (k).

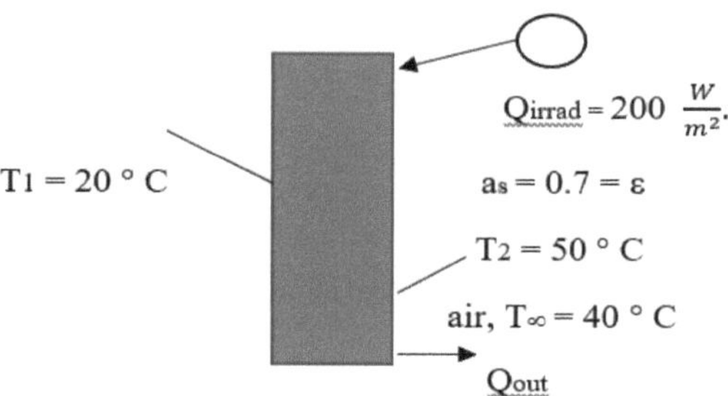

Figura 4: Estrutura de parede espessa.

Solução

A aplicação do balanço energético dá:

$$Q_{conduction} + Q_{convection} + Q_{radiation} = Q_{solar\ radiation} \tag{1},$$

Considerando que:

$$Q_{conduction} = \frac{k(T_1 - T_2)}{\delta}$$

$$Q_{convection} = h\ (T_2 - T_\infty) = 8(50 - 40) = 80\ \frac{W}{m^2}.$$

$$Q_{radiation} = \varepsilon\sigma(T_2^4 - T_\infty^4) = (0.7)(5.67 * 10^{-8})(323^4 - 313^4) = 51\frac{W}{m^2}.$$

$$Q_{solar} = a\,Q_{irradiant} = (0.7)(200) = 140\frac{W}{m^2}.$$

Por conseguinte, substituindo estes valores na equação (1) e transpondo-os em relação a o coeficiente de condutividade térmica k torna-se:

$$5k(50 - 20) = 140 - 80 - 51 = 9\frac{W}{m^2}, \text{ daí: } k = \frac{9}{5(50-20)} = 0.06\frac{W}{m\,^\circ C}.$$

18) Um conjunto de alhetas radiais de dimensões (100 mm × 35 mm × 5 mm), com um coeficiente de condutividade térmica de k = 150 $\frac{W}{m\,^\circ C}$ ilustrado na Figura 4, é montado num compressor de ar e dissipa 10 W por convecção para o ar a uma temperatura de 15° C. Além disso, assumindo que a ponta da alheta é adiabática com um coeficiente de transferência de calor por convecção de h = 10 $\frac{W}{m^2\,^\circ C}$. Determine o número de aletas para que a temperatura de base não exceda $T_b \leq 130^\circ C$.

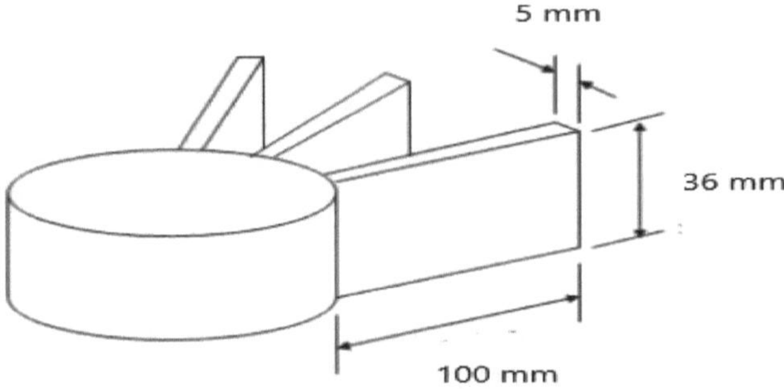

<u>Figura 5: Configuração da alheta radial.</u>

Solução

Para uma única barbatana:

$$P = 2(w + t) = 2(0.036 + 0.005) = 0.0172\,m.$$

$$A_c = w \times t = 0.036 \times 0.005 = 0.00018\,m^2.$$

$$m = \left(\frac{hP}{kA_c}\right)^{0.5} = \left(\frac{(10)(0.00172)}{(150)(0.0018)}\right)^{0.5} = 0.798\ m^{-1}.$$

$mL = (0.7891)(0.1) = 0.07981.$

$\tanh(mL) = \tanh(0.07981) = 0.07964.$

Assim, o calor dissipado pela aleta torna-se:

$$Q_{fin} = (hPkA_c)^{0.5}\left(T_b - T_{fin}\right)\tanh(mL)$$
$$= \left((10)(0.00172)(150)(0.00018)\right)^{0.5}(115)(0.07984) = 0.62327\ W.$$

Por conseguinte, o respetivo número de alhetas é dado por:

$$N = \frac{P}{Q_{fin}} = \frac{10}{0.623} = 16.05 = 17\ fins.$$

19) Um tanque esférico de 1,5 m de diâmetro é mantido a uma temperatura de 150° C, é exposto a um ambiente com h $= 20\ \frac{W}{m^2\,°\,C}$ e $T_\infty = 20\ °C$. Calcule a espessura da espuma de uretano a adicionar, de modo a garantir que a temperatura exterior do isolamento não ultrapasse uma temperatura de 60° C. Tome o valor da condutividade térmica da espuma k $= 1\ \frac{W}{m\,°\,C}$.

Solução

Perda de calor sem a espuma de isolamento adicionada:

$$q_{without\ insulation} = hA(T_w - T_\infty) = (20)(4\pi)(0.75)^2(150 - 20) = 183771.9\ W.$$

Com a adição da camada de isolamento da espuma, o respetivo equilíbrio térmico torna-se:

$$q = \frac{4\pi k(T_w - T_o)}{\frac{1}{r_i}\ \frac{1}{r_o}} = 4\pi h(r_o)^2(T_o - T_\infty)\ \text{e substituindo os respectivos dados, obtém-se}$$

$$\frac{(1)(150 - 60)}{\frac{1}{0.75} - \frac{1}{r_o}} = 20\ (r_o)^2(60 - 20), \qquad 20\ (r_o)^2(40)\left(1.333 - \frac{1}{r_o}\right) - 90 = 0,$$

$1066.4\ r_o^2 - 800 r_o - 90 = 0.$ Assim, a aplicação do método discriminante dá:

$D = 800^2 - 4(1066.4)(-90) = 1023904 > 0$ Assim, existem duas soluções diferentes, que são as seguintes

$$r_{o,1,2} = \frac{800 \pm \sqrt{1023904}}{(2)(1066.4)}, \quad r_{o,1} = \frac{800 + 1011.88}{2132.8} = 0.849\ m\ \text{(aceite)}$$

$$r_{o,2} = \frac{800-1011.88}{2132.8} = -0.092 < 0, \text{(rejeitado)}.$$

Por conseguinte, a espessura da espuma isolante a adicionar torna-se:

$$r_o = r_i + 2(\delta), \quad \delta = \frac{r_o - r_i}{2} = \frac{(0.849-0.75)}{2} = 0.0495\,m = 4.95\,cm.$$

20) Uma parede composta está ilustrada na figura 5 e é necessário determinar a respectiva transferência de calor através das camadas da parede. Considere os seguintes valores das condutividades térmicas em cada camada A, B, C, D e E como: $k_A = 10\frac{W}{m\,^\circ C}$, $k_B = 7\frac{W}{m\,^\circ C}$, $k_c = 6\frac{W}{m\,^\circ C}$, $k_D = 5\frac{W}{m\,^\circ C}$, $k_E = 3\frac{W}{m\,^\circ C}$, assumindo uma transferência de calor unidimensional. Além disso, tome os seguintes valores das áreas como: $A_A = A_D = A_E\,1\,m^2$, $A_B = A_C = 0.5\,m^2$. O valor da temperatura que entra na camada A da parede é $T_A = 500\,^\circ C$ e o valor da temperatura que sai da parede E é $T_B = 50\,^\circ C$.

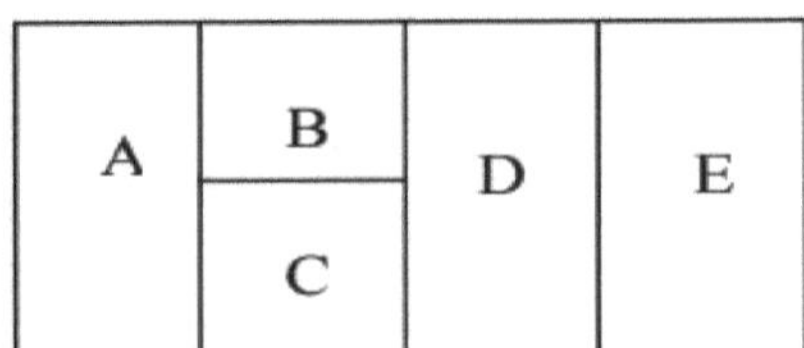

Figura 6: Camadas de paredes compósitas.

Solução

A respectiva transferência de calor, através das paredes A a E, é dada por

$$Q = \frac{T_A - T_E}{\sum R_{thermal}} \tag{1}.$$

Considerando que:
$$\sum R_{thermal} = R_A + R_B + R_C + R_{B,C} + R_D + R_E. \tag{2}$$

$$R_A = \frac{L_A}{k_A A_A} = \frac{1}{(10)(1)} = 0.1\,\frac{^\circ C}{W}$$

$$R_B = \frac{L_B}{k_B A_B} = \frac{1}{(7)(0.5)} = 0.286\,\frac{^\circ C}{W}$$

$$R_C = \frac{L_C}{k_C A_C} = \frac{1}{(6.1)(0.5)} = 0.327 \; \frac{^\circ C}{W}$$

As paredes paralelas B e C são calculadas através de:

$$R_{B,C} = \frac{R_B \, R_C}{R_B + R_C} = \frac{(0.286)(0.327)}{0.286 + 0.327} = 0.15 \; \frac{^\circ C}{W}.$$

$$R_D = \frac{L_D}{k_D A_D} = \frac{1}{5} = 0.2 \; \frac{^\circ C}{W}$$

$$R_E = \frac{L_E}{k_E A_E} = \frac{1}{3} = 0.333 \; \frac{^\circ C}{W}$$

Assim, adicionando os termos das resistências térmicas à equação (2) obtém-se

$$\sum R_{thermal} = 0.1 + 0.286 + 0.327 + 0.15 + 0.2 + 0.333 = 1.196 \frac{^\circ C}{W}.$$

Por conseguinte, a respectiva transferência de calor através das paredes A a E passa a ser

$$Q = \frac{T_A - T_E}{\sum R_{thermal}} = \frac{500 - 50}{1.196} = 376.25 \; W.$$

1) Considere-se o escoamento de gás com densidade $\rho = 1\,\frac{kg}{m^3}$, viscosidade $\mu = 1.5 * 10^{-5}\,Pas$, calor específico de $C_p = 850\,\frac{J}{kg\,K}$ e uma condutividade térmica $k = 0.1\,\frac{W}{m\,K}$ com um tubo de diâmetro D = 0,2 m e um comprimento L = 0,5 m, assumindo que não há variação com a temperatura. O respetivo número de Nusselt para um tubo com $(\frac{L}{D} > 5)$ e um número de Reynolds Re > 5000, é descrito por $Nu = (0.026)(Re)^{0.8}\,(Pr)^{0.333}$. No caso de Re < 2100 e para $Re\left((Pr)(\frac{D}{L})\right) < 10$, a expressão do respetivo número de Nusselt passa a ser:

$Nu = \left((1.86)(Re)(Pr)\left(\frac{D}{L}\right)^{0.333}\right)$. Além disso, considerando que a velocidade do fluxo de gás através do tubo é u = 1 m/s, calcule o coeficiente de transferência de calor h.

Solução

Número de Reynolds: $Re = \frac{(\rho)(u)(D)}{\mu}\,\frac{(1)(0.2)}{1.5*10^{-5}} = 1333.3 < 2300$, tratando-se assim de um caso de escoamento laminar.

número de Prandtl: $Pr = \frac{(\mu)(C_p)}{k} = \frac{(850)(1.5*10^{-5})}{0.1} = 0.1275$. Portanto, o respetivo número de Nusselt para Re < 2100, é dado por:

$$Nu = \left((1.86)(Re)(Pr)\left(\frac{D}{L}\right)^{0.333}\right) = \left((1.86)(1333.3)(0.1275)\left(\frac{0.2}{0.5}\right)^{0.333}\right) = 17.58.$$

Coeficiente global de transferência de calor

$$h = \frac{(Nu)(k)}{D} = \frac{(17.58)(0.1)}{0.2} = 8.79\,\frac{W}{m^2K}.$$

2) Um aquecedor de 100 W, com um invólucro esférico de D = 1m e um número de Nusselt dado pela seguinte fórmula: $Nu = 2 + 0.6(Re)^{0.5}(Pr)^{0.33}$, sendo Re = 2500 e Pr = 0,5. Consideremos a temperatura do ar ambiente $T_{ambient} = 30\,°C$ e a condutividade térmica como

k = $0.01\,\frac{W}{m\,K}$. Calcular o:

i)   Fluxo de calor da superfície em estado estacionário
ii) Temperatura do invólucro em estado estacionário T.

Solução

i)   O fluxo de calor por unidade de área é dado por:

$$q = \frac{Q}{A} = \frac{Q}{4\pi r^2} = \frac{100}{4\pi(0.05)^2} = 31833\,\frac{W}{m^2}.$$

ii)   **<u>Número de Nusselt</u>**

$$Nu = 2 + 0.6\ (Re)^{0.5}(Pr)^{0.33} = 2 + 0.6\ (2500)^{0.5}(0.5)^{0.333} = 22.1$$

Assim, o coeficiente global de transferência de calor passa a ser:

$$h = \frac{Nu k}{D} = \frac{(22.1)(0.01)}{0.1} = 0.221\,\frac{W}{m^2 K}$$

A respectiva transferência de calor por convecção é dada por:

$q = h(T - T_\infty)$, Rearranjando em relação à temperatura do invólucro T, obtém-se

$$T = \frac{q}{h} + T_\infty = \frac{31833}{0.221} + 30 = 174.02\ ^\circ C.$$

3) Um fluido escoa sobre uma placa horizontal aquecida mantida a uma temperatura T_w com a temperatura global do fluido T_∞. Considere que o perfil de temperatura da camada limite térmica (BL) é dado por:

$$T - T_w = (T_w - T_\infty)\left(\frac{1}{2}\left(\frac{y}{\delta}\right)^3 - \frac{3}{2}\left(\frac{y}{\delta}\right)\right),$$ considerando que:

y: é a distância vertical da placa, $0 \leq y \leq \delta$,

δ: é a espessura da camada limite (BL)

k: é a condutividade térmica do fluido.

Derivar uma expressão do coeficiente de transferência de calor por convecção h.

Solução

Por equilíbrio energético, a lei de Fourier da transferência de calor por condução é igual à transferência de calor por convecção:

$q = -k\frac{dT}{dy}\big|_{y=0} = h(T_w - T_\infty)$ e reorganizando-o em relação ao coeficiente global de transferência de calor, obtém-se

$$h = \frac{-k\frac{dT}{dy}\big|_{y=0}}{(T_w - T_\infty)} \tag{1},$$

A respectiva distribuição de temperatura é dada por:

$$T = T_w + (T_w - T_\infty)\left(\frac{1}{2}\left(\frac{y}{\delta}\right)^3 - \frac{3}{2}\left(\frac{y}{\delta}\right)\right),$$

Assim, $k\frac{dT}{dy} = \frac{kd}{dy}\left(\left(T_w + (T_w - T_\infty)\left(\frac{1}{2}\left(\frac{y}{\delta}\right)^3 - \frac{3}{2}\left(\frac{y}{\delta}\right)\right)\right) = -\frac{k3}{2}\left((T_w - T_\infty)\left(\frac{y^2}{\delta^3}\right) - \frac{1}{\delta}\right)\right)$

e em y = 0, torna-se:

$$-k\frac{dT}{dy}\Big|_{y=0} = \frac{3k}{2\delta}(T_w - T_\infty)\ (2).$$

Substituindo na eq. (1), a expressão final do coeficiente de transferência de calor passa a ser

$$h = \frac{\frac{3k}{2\delta}(T_w - T_\infty)}{(T_w - T_\infty)} = \frac{3k}{2\delta}.$$

4) Suponha que uma placa vertical de dimensões (0,3 m × 0,6 m) é mantida a uma temperatura $T_s = 80\ ^\circ C$ e a uma temperatura ambiente de $T_\infty = 15\ ^\circ C$. No interesse da minimização da transferência de calor, justifique a orientação preferida A ou B, como mostra a Figura 1. Calcule o coeficiente de transferência de calor por convecção h a partir da superfície frontal na orientação preferida A ou B. Considere os seguintes valores das propriedades $v = 1.5 * 10^{-5}\frac{m^2}{s}$, $k = 0.01\frac{W}{mK}$, $a = 2.5 * 10^{-6}\frac{m^2}{s}$, $Pr = 0.605$.

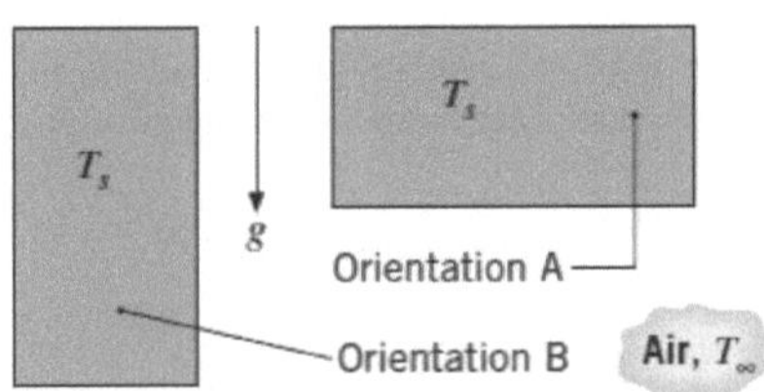

Figura 1: Orientação vertical das placas A e B. (Cortesia de Bergman et.al, 2011 com permissão).

Solução

Temperatura da película

$$T_{film} = \frac{T_s + T_\infty}{2} = \left(\frac{80 + 15}{2}\right) = 42.5\ ^\circ C.$$

Coeficiente de expansão térmica

$$\beta = \frac{1}{T_{film}} = \frac{1}{42.5 + 273} = 0.00317\ K^{-1}.$$

Para duas orientações (A ou B), o número de Rayleigh máximo é obtido com a orientação B dada a partir de:

$$Ra_{max} = \frac{g\beta(T_s-T_w)L^3}{(v)(\alpha)} = \frac{(9.81)(0.00317)(80-15)(0.6)^3}{(1.5*10^{-5})(2.5*10^{-6})} = 11.6 * 10^8 < 10^9,$$ partindo do

princípio de que

$$Ra_{critical} < 10^9.$$

A respectiva transferência de calor é reduzida a partir da placa, maximizando a espessura da camada limite (BL), bem como maximizando o comprimento da placa, destacando as preferências da orientação B.

Fluxo laminar

O número de Nusselt é dado por:

$$Nu = 0.68 + \frac{(0.67)(Ra^{0.25})}{\left(1+\left(\frac{0.492}{Pr}\right)^{\frac{9}{16}}\right)^{\frac{4}{9}}} = 0.68 + \frac{(0.67)\left(11.6*10^8\right)^{0.25}}{\left(1+\left(\frac{0.492}{0.605}\right)^{\frac{9}{16}}\right)^{\frac{4}{9}}} = 0.68 + \frac{123.65}{1.3206} = 0.68 +$$

$$123.81 = 124.49.$$

Assim, o respetivo coeficiente de transferência de calor por convecção é dado por:

$$h = \frac{Nuk}{D} = \frac{(123.81)(0.01)}{0.1} = 12.38 \frac{W}{m^2 K}$$. Considerando que a área da secção transversal

é:

$A_s = (0.3 \times 0.6) = 0.18 \, m^2$, o respetivo coeficiente de transferência de calor por convecção a partir da superfície frontal da placa com orientação B passa a ser

$$q = h \, (T_w - T_\propto) = (12.38)(80 - 15) = 804.7 \, W.$$

5) A água está a ferver numa panela com 15 cm de profundidade e 20 cm de diâmetro exterior, colocada no topo do armazém, e a temperatura ambiente é de 20° C, como ilustra a figura 2. Considerando que a temperatura na panela deve ser mantida a 90° C, calcule a taxa de perda de transferência de calor da superfície lateral cilíndrica da panela para o ambiente por convecção natural.

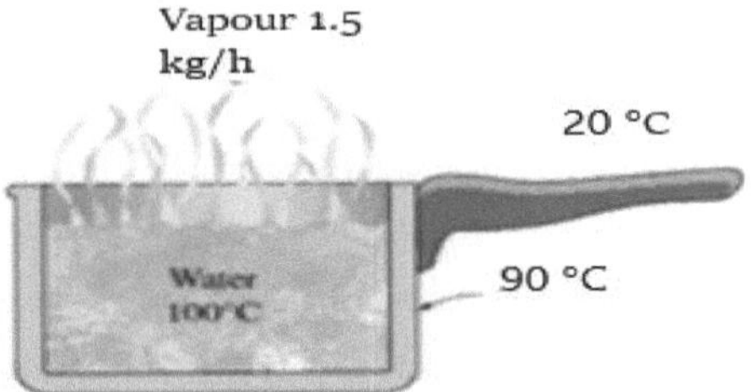

Figura 2: Água a ferver numa panela com 15 cm de profundidade (Cortesia de Cengel e Chajar, 2015, com permissão).

Solução

A respectiva temperatura da película torna-se: $T_f = \frac{90+20}{2} = 55\,^\circ C$ e a temperatura

coeficiente de expansãoβ torna-se: $\beta = \frac{1}{T_f} = \frac{1}{55} = 0.003\ K^{-1}$.

A área cilíndrica da panela é : $A_s = \pi dl = (3.1414)(0.15)(0.2) = 0.0242\ m^2$ e

o comprimento caraterístico é..: $L_c = d = 0.15\ m$.

Número de Rayleigh

$$Ra = \frac{g\beta(T_s - T_\infty)L^3 Pr}{v^2} = \frac{(9.81)(0.003)(90-20)(0.15)^3 0.8}{(1.2*10^{-5})^2} = 3.854 * 10^6.$$

Número de Grashof

$$Gr = \frac{Ra}{Pr} = \frac{3.854*10^6}{0.8} = 4.8175 * 10^7.$$

Considere-se a desigualdade que daí resulta:

$$\frac{3.5L_c}{(Gr)^{0.25}} \leq 25, \quad \frac{(3.5)(0.15)}{(4.1875*10^7)^{0.25}} = 0.0063 \leq 25.$$

Assim, o cilindro da panela é tratado como uma placa vertical e o número de Nusselt é :

$$Nu = \left(\left(0.825 + 0.387\frac{(Ra^{0.166})}{\left[1+\left(\frac{0.492}{Pr}\right)^{\frac{9}{16}}\right]^{\frac{8}{27}}}\right)\right)^2 = \left(0.825 + 0.387\frac{\left(3.854*10^6\right)^{\frac{1}{6}}}{\left[1+\left(\frac{0.492}{0.8}\right)^{\frac{9}{16}}\right]^{\frac{8}{27}}}\right)^2 = 28.026.$$

Assim, o respetivo coeficiente de transferência de calor passa a ser:

$$h = \frac{NuK}{L} = \frac{(28.026)(0.0282)}{0.15} = 5.269\ W.$$

A transferência de calor por convecção natural passa a ser:

$$q = hA_s(T_s - T_\infty) = 5.269(0.0242)(70) = 8.925\ W.$$

6) A temperatura máxima da superfície de um veio cilíndrico com 15 mm de diâmetro de um motor a funcionar a uma temperatura ambiente de 25° C não deve exceder 75° C, como ilustrado na Figura 3. Considerando a potência dissipada na carcaça do motor, uma parte do calor é rejeitada do veio para o ambiente. Para o respetivo cilindro rotativo, uma correlação adequada para estimar o coeficiente de transferência de calor por convecção é

$$\overline{Nu_D} = 0.133(Re_D)^{\frac{2}{3}}(\text{Pr})^{\frac{1}{3}}, \quad \text{para } Re_D < 4.3*10^5, Re_D = \frac{\Omega D^2}{v}, \text{Considerando que } \Omega \text{ é}$$

a velocidade angular em rad/s. Calcule a:

i) coeficiente de transferência de calor por convecção

ii) taxa máxima de transferência de calor por unidade de comprimento em função da velocidade de rotação na gama de 2.000 a 10.000 rpm.

$$\text{Tome } \beta = 0{,}002\ K^{-1}, v = 1.5*\frac{10^{-5}m^2}{s},\ k = 0.015\frac{W}{mK}, a = 2.5*10^{-5}\frac{m^2}{s}, \text{Pr} = 0.8.$$

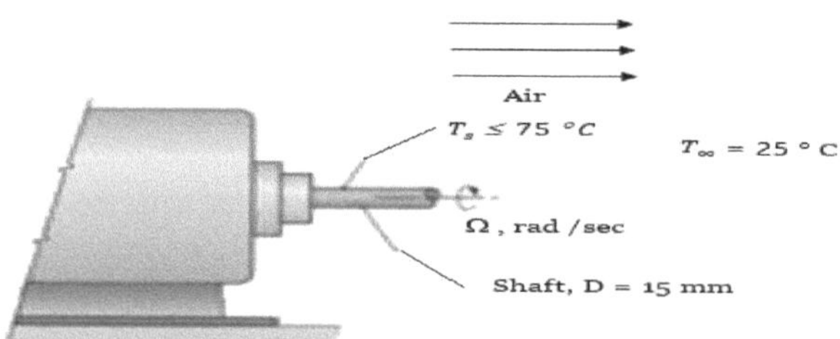

Figura 3: Um veio de motor com 15 mm de diâmetro, (Cortesia de Bergman et.al, 2011, com permissão).

Solução

i) **Número de Reynold**

$$\text{Re}_\Omega = \frac{\Omega D^2}{v} \qquad (1).$$

Assim, a velocidade angular torna-se $\Omega = \frac{2000}{2\pi} = 318.47\frac{rad}{sec}$, e substituindo os dados em (1), torna-se: $\text{Re}_\Omega = \frac{(3.1817)(0.015)^2}{1.5*10^{-5}} = 4783.05$.

O cálculo do número de Nusselt torna-se:

$$\overline{Nu_D} = 0.133(Re_D)^{\frac{2}{3}}(\text{Pr})^{\frac{1}{3}} = (0.133)(4783.05)^{\frac{2}{3}}(0.8)^{\frac{1}{3}} = 35.148.$$

Por conseguinte, o respetivo coeficiente de transferência de calor é:

$$h_{rot} = \frac{k}{D} = \overline{Nu_D}\frac{K}{.D} = \frac{(35.148)(0.01)}{0.015} = 23.432\,\frac{W}{m^2 K}.$$

    ii)   Transferência de calor por unidade de comprimento

$$\frac{q_{rot}}{l} = (h_{rot})(\pi D)(T_s - T_\infty) = (24.352)(3.1414)(0.015)(75 - 25) = 38.24\,\frac{W}{m}.$$

7) O óleo do motor flui através de um tubo de 25 mm de diâmetro, a uma temperatura média de 120° C e a velocidade do fluxo é de 1 m/s. Calcule o coeficiente médio de transferência de calor, se a parede for mantida a uma temperatura de 150° C, quando tiver 1,5 m de comprimento. Tomar os seguintes valores de propriedades do óleo a 120° C: $\rho = 820\,\frac{kg}{m^3}$, $v = 1.5 * 10^{-6}\,\frac{m^2}{s}$, $\text{Pr} = 120$, $k = 0.0012\,\frac{W}{mK}$

Solução

<u>Número de Reynolds</u>

$$Re = \frac{uD}{v} = \frac{(1)(0.025)}{6.5 * 10^{-6}} = 3846.15 > 2300e, \text{ por conseguinte, o fluxo é turbulento.}$$

Assim, $\frac{L}{D} = \frac{1.5}{0.025} = 60.$

<u>Número de Nusselt</u>

$$Nu = 0.036\,(Re)^{0.2}(\text{Pr})^{0.33}\left(\frac{D}{L}\right)^{0.055} =$$

$$(0.036)(3846.15)^{0.2}(120)^{0.33}(0.0167)^{0.055} = 104.38.$$

<u>Coeficiente médio de transferência de calor</u>

$$h_{average} = \frac{kNu}{D} = \frac{(0.0012)(104.38)}{0.025} = 5.01\,\frac{W}{m^2 K}.$$

8) Uma placa horizontal fina de 125 mm de comprimento e 75 mm de largura é mantida a uma temperatura de 180° C num tanque de água cheio a 60° C. Calcule a transferência de calor a ser aplicada à placa, para manter uma temperatura constante da placa, uma vez que o calor é dissipado de ambos os lados da placa. Tome $v = 2.6 * 10^{-5}\,\frac{m^2}{s}$, $k = 0.005\,\frac{W}{mK}$, $Nu_{lower\,surface} = 18.4.$

Solução

Coeficiente de expansão térmica:

$$\beta = \frac{1}{(120°C + 273)} = 0.0025 \; K^{-1}.$$

Número de Grashof:

$$Gr = \frac{g\beta L^3 \Delta T}{v^2} = \frac{(9.81)(0.0025)(0.125)(120)}{(2.6 * 10^{-5})^2} = 1.44 * 10^5.$$

Assim, $(GrPr) = 1.44 * 10^5 * 150 = 2.16 * 10^7$. Por conseguinte, encontra-se dentro do intervalo aceitável:

$$8 * 10^6 < (GrPr) < 10^{11}.$$

Placa horizontal da superfície superior aquecida

Número de Nusselt

$$Nu = 0.15(GrPr)^{0.333} = 0{,}15(2.16 * 10^7)^{0.333} = 41.54.$$

Coeficiente superior de transferência de calor por convecção

$$h_{upper} = \frac{NuK}{L} = \frac{(41.54)(0.005)}{0.125} = 1.66 \frac{W}{m^2 K}.$$

Placa horizontal da superfície aquecida inferior

$$h_{lower} = \frac{Nu_{lower\;surface}\, k}{L} = \frac{(18.4)(0.005)}{0.125} = 0.736 \frac{W}{m^2 K}.$$

Transferência total de calor em ambos os lados (superior + inferior)

$$Q = \left(h_{upper} + h_{lower}\right) A\Delta T = (2.396)(0.25)(0.8)(120) = 57.504 \; W.$$

9) Considera-se um escoamento paralelo do óleo entre duas placas finas, como ilustrado na Figura 4. Derive uma expressão da distribuição da velocidade e da temperatura, bem como a localização da temperatura máxima e o seu valor.

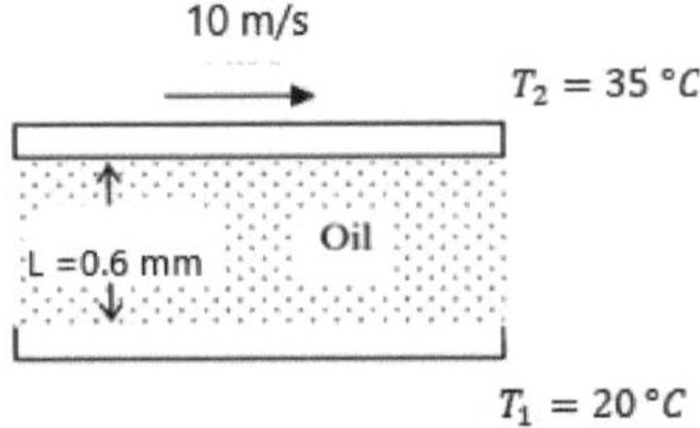

Figura 4: Óleo encerrado entre duas placas paralelas. (Cortesia de Cengel 3rd edition, com autorização).

Solução

Equação de continuidade:

$\frac{\partial u}{\partial x} + \frac{\partial v}{\partial y} = 0$, $u = u(y), v = 0$. Assim, o fluxo é totalmente desenvolvido.

Além disso, o termo do gradiente de pressão torna-se negligenciável: $\frac{\partial P}{\partial x} = 0$. (o fluxo é sustentado pelo movimento da placa superior e não pelo gradiente de pressão).

Expressão do momento na direção x

$$\rho \left(\frac{\partial u}{\partial t} + u\frac{\partial u}{\partial x} + v\frac{\partial v}{\partial y} \right) = -\frac{\partial P}{\partial x} + \mu \left(\frac{\partial^2 u}{\partial x^2} + \frac{\partial^2 u}{\partial y^2} \right) \tag{1}.$$

Considerando um escoamento totalmente desenvolvido $u = u(y)$, $v = 0$, a equação 1 é simplificada e passa a ser

torna-se: $\frac{\mu}{\rho}\left(\frac{\partial^2 u}{\partial y^2} \right) = 0$, e após duas integrações a distribuição inicial da velocidade é:

$u = c_1 y + c_2$, Considerando que c_1 e c_2 são constantes a determinar da seguinte forma

condições   de fronteira (BC's):

$u(0) = 0$, $u(L) = V$, Assim, após a manipulação algébrica, os valores constantes são:

$0 = c_1(0) + c_2$, $c_2 = 0$.

$V = c_1(L)$, $c_1 = \frac{V}{L}$.

A expressão final da distribuição de velocidade torna-se:

$u = \frac{Vy}{L}$, e o gradiente de velocidade na direção y passa a ser $\frac{du}{dy} = \frac{V}{L}$.

Distribuição da temperatura

A distribuição da temperatura é obtida através da equação da energia:

$0 = k\frac{d^2 T}{dT^2} + \mu\left(\frac{du}{dy}\right)^2$, Assim, após duas integrações, o perfil de temperatura torna-se:

$\frac{dT}{dy} = -\frac{\mu}{k}\left(\frac{V}{L}\right)^2 y + c_3$, e $T(y) = -\frac{\mu}{k}\left(\frac{V}{L}\right)^2 (y^2/2) + c_3 y + c_4$,

As constantes (c_3, c_4) são determinadas a partir das seguintes condições de fronteira (BCs): $T(0) = T_1$, $T(L) = T_2$.

Por conseguinte, $T_1 = -\frac{\mu}{k}\left(\frac{V}{L}\right)^2 (0^2/2) + c_3\,(0) + c_4$, $c_4 = T_1$.

$T_2 = -\frac{\mu}{k}\left(\frac{V}{L}\right)^2 (\frac{y^2}{2}) + c_3\,(y) + T_1$ e depois de uma manipulação algébrica a constante

c_3 torna-se: $c_3 = \frac{T_2 - T_1}{L} y + T_1 + \frac{\mu}{2k}V^2(\frac{y}{L} - \frac{y^2}{L^2})$, pelo que a temperatura final

a expressão da distribuição torna-se:

$$T(y) = \frac{T_2 - T_1}{L} y + T_1 + \frac{\mu}{2k}V^2\left(\frac{y}{L} - \frac{y^2}{L^2}\right) \tag{2}.$$

O gradiente de temperatura é dado, diferenciando a expressão da temperatura em relação a

para y, portanto: $\frac{dT}{dy} = \frac{T_2 - T_1}{L} + \frac{\mu}{2kL}V^2\left(1 - \frac{2y}{L}\right)$.

Localização do ponto de temperatura máxima

$\frac{dT}{dy} = \frac{T_2 - T_1}{L} + \frac{\mu}{2kL}V^2\left(1 - \frac{2y}{L}\right) = 0$ e depois da manipulação algébrica:

$$y = L\left(\frac{k(T_2 - T_1)}{\mu v^2} + \frac{1}{2}\right), \tag{3}.$$

Substituindo os respectivos valores na eq. (3), obtém-se

$y = 0.006\left(\frac{0.2(35-20)}{0.58(10)^2} + \frac{1}{2}\right) = 0{,}33$ mm.

10) Um aerofólio metálico com as suas caraterísticas distintas está ilustrado na Figura 5. Calcule o coeficiente de atrito médio $C_{f\,average}$ bem como a força de atrito $F_{fricional}$. Assuma uma condição de estado estacionário e que os efeitos de borda não são considerados. Tomar os seguintes valores das propriedades do ar, $\rho = 1{,}184\,\frac{kg}{m^3}$, $C_p = 1006\,\frac{J}{kg\,°C}$, Pr $= 0{,}73$, bem como os seguintes dados: $Q_{airfoil} = 2000\,W$, $A_s = 10m^2$.

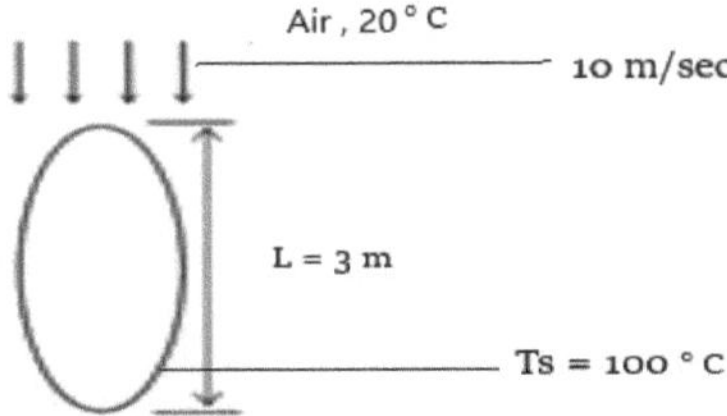

Figura 5: Aerofólio metálico com caraterísticas distintas. (Cortesia de Cengel 3rd edition, com permissão).

Solução

Coeficiente **médio de transferência de calor**

$Q = hA_s \, (T_s - T_\infty) = 2000 \, W$, portanto, reorganizando em relação a h, torna-se:

$$h = \frac{Q}{A_s \, (T_s - T_\infty)} = \frac{2000}{(10)(100 - 20)} = 2.5 \frac{W}{m^2 \, {}^\circ C}.$$

Coeficiente médio de atrito cutâneo

$$C_{frictional} = \frac{2h(\mathrm{Pr})^{0.667}}{\rho u C_p} = \frac{(2)(2.5)(0.73)^{0.667}}{(1.184)(10)(1006)} = 0.00034.$$

Força de fricção

$$F_{fricional} = C_{frictional} \frac{A_s \rho}{2} \, v^2 = (0.00034)(10) \left(\frac{1.184}{2}\right) (10^2) = 0.201 \, N.$$

11) Num motor quente, o óleo flui sobre uma placa com vários parâmetros termodinâmicos, ilustrada na Figura 6. Calcule a força total de arrastamento e a taxa de transferência de calor por unidade de profundidade. Considere as seguintes propriedades termodinâmicas: $\rho = 867 \frac{kg}{m^3}, v = 1.23 * 10^{-6} \frac{m^2}{sec}$, $k = 0.14 \frac{W}{m \, {}^\circ C}$, $\mathrm{Pr} = 500, T_f = 60 \, {}^\circ C.$

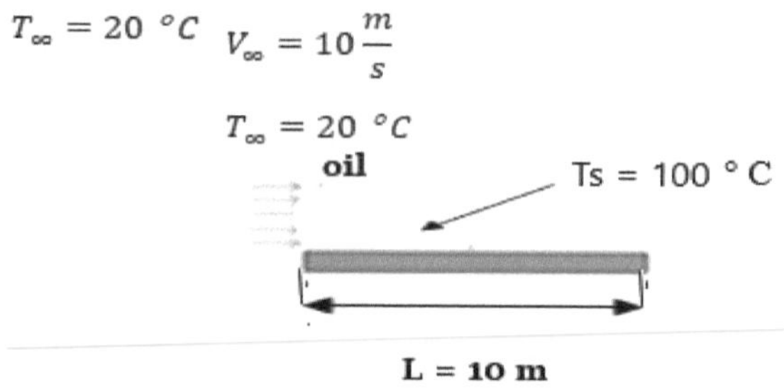

$$T_\infty = 20\ ^\circ C \qquad V_\infty = 10\ \frac{m}{s}$$

$$T_\infty = 20\ ^\circ C$$

Figura 6: Fluxo de óleo sobre uma placa num motor de calor quente. (Cortesia de Cengel 3rd edition, com permissão).

Solução

Considerando o comprimento caraterístico $L_c = 10\ m$ o número de Reynolds é calculado como:

$$Re_L = \frac{v_\infty L}{v} = \frac{(10)(10)}{1.23 \ast 10^{-6}} = 81300.81.\ \text{(Fluxo turbulento desde } Re_L > 2300).$$

Coeficiente médio de atrito cutâneo

$$C_f = 1.328\ (Re_L)^{-0.5} = (1.328)(81300.81)^{-0.5} = 0.0046.$$

Força de arrasto média

$$F_D = \frac{1}{2}C_f A\rho v_\infty^2 = \left(\frac{1}{2}\right)(0.0046)(10)(867)(100) = 2020.11\ N.$$

Número de Nusselt médio

$$Nu = 0.664(Re)^{0.5}(Pr)^{0.333} = (0.664)(81300.81)^{0.5}(500)^{0.333} = 1429.48.$$

Coeficiente de transferência de calor

$$h = \frac{Nuk}{L_c} = \frac{(0.14)(1492.48)}{10} = 20.89\ \frac{W}{m^2\ ^\circ C}.$$

Transferência de calor por convecção

$$Q = hA(T_s - T_\infty) = (10)(20.89)(100 - 20) = 16712\ W.$$

12) Um automóvel desloca-se com uma velocidade de $60\ \frac{km}{hr}$ como mostram as suas caraterísticas na Figura 7. Calcule a taxa total de transferência de calor da superfície inferior do bloco quente do motor do automóvel (convecção + radiação). Assumir uma operação em estado estacionário com um número de Reynolds crítico $Re_{cr} = 5 \ast 10^5$ bem como uma transferência de calor por radiação concebida com um valor de $\varepsilon = 0,9$. Considere as seguintes propriedades termodinâmicas: $(k = 0.03\frac{W}{m\,^\circ C}, v = 1.8 \ast 10^{-5}\frac{m^2}{s}, Pr = 0.73.$

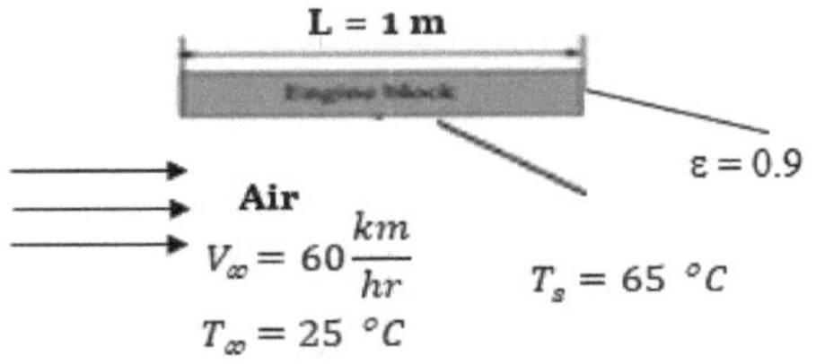

Figura 7: Bloco de motor de automóvel quente. (Cortesia de Cengel 3rd edition, com autorização).

Solução

Cálculo do número de Reynolds

$\text{Re} = \frac{v_\infty L}{v} = \frac{(\frac{60,000}{3600})(1)}{1.8*10^{-5}} = 925.5 < 2300$e, por conseguinte, o escoamento é laminar.

Cálculo do número de Nusselt

$Nu = 0.037(Re)^{0.8}(\text{Pr})^{0.33} = (0.037)(925.5)^{0.8}(0.73)^{0.333} = 7.862.$

Coeficiente de transferência de calor

$h = \frac{K}{L}Nu = \frac{(0.03)(7.862)}{1} = 0.235\ \frac{W}{m^2\ °C}.$

$A_s = wL = (0.4)(1) = 0.4\ m^2.$

Transferência de calor por convecção

$Q_{convection} = hA_s(T_s - T_\infty) = (0.235)(0.4)(65 - 25) = 3.76\ W.$

Transferência de calor por radiação

$Q_{radiation} = \varepsilon c_\mu A_s(T_s^4 - T_\infty^4) = (0.9)(5.67*10^{-8})(0.4)(338^4 - 298^4) = 105.439\ W.$

Transferência total de calor

$Q_{total} = Q_{convection} + Q_{radiation} = 3.76 + 105.439 = 109.199\ W.$

13) O peso de uma placa fina, exposta ao ar de ambos os lados, é equilibrado por um contrapeso, com as caraterísticas distintas indicadas na Figura 8. Calcule a massa do contrapeso a ser adicionada para que a placa fique equilibrada. Tome os valores dos seguintes parâmetros termodinâmicos: $\rho = 1.183\ \frac{kg}{m^3}, v = 1.56*10^{-6}\ \frac{m^2}{sex}$. Suponha

que o escoamento é regular e incompressível, que o número de Reynolds crítico é $Re_{critical} = 5 * 10^5$, e que ambas as superfícies são lisas.

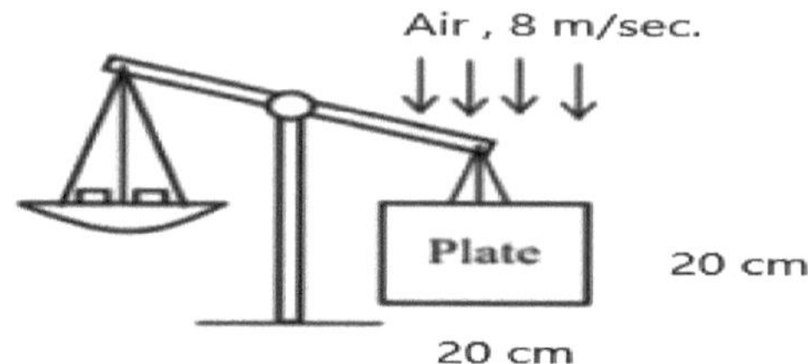

Figura 8: Peso de uma placa fina, equilibrada por um contrapeso. (Cortesia de Cengel 3rd edition, com permissão).

Solução

Cálculo do número de Reynold, assumindo a largura de 0,2 m como o comprimento crítico

$$Re = \frac{vd}{v} = \frac{(8)(0.2)}{1.56\ 810^{-5}} = 1.02 * 10^5 < Re_{critical} .$$ Assim, o fluxo é laminar.

Coeficiente de atrito médio

$$C_{frictional} = \frac{1.328}{(Re)^{0.5}} = \frac{1.328}{1.02 * 10^5} = 0.00416.$$

Cálculo da força de arrasto

$$F_{drag} = \frac{C_{frictional}\, A_s\rho\, v^2}{2} = \frac{1}{2}(0.00416)(0.2 * 0.2)(1.183)(10^2) = 0.0965\ N.$$

Assim, a respectiva massa da placa passa a estar depois da balança de equilíbrio no eixo vertical:

$$W = F_{drag},\ mg = F_{drag}, m = \frac{F_{drag}}{g} = \frac{0.0965}{9.81} = 0.00984\ kg,$$ e esta é a quantidade de massa que contraria a força de arrastamento que actua sobre a placa.

14) O ar de combustão é pré-aquecido por água quente num tubo de banco com D = 0,2, $S_T = S_L = 0.2$, como ilustra a Figura 9. Assumir que a temperatura da superfície e da água são iguais. Calcular a taxa de transferência de calor. Tomar os seguintes valores das propriedades do ar a T= 20° C, ($k = 0.025 \frac{W}{m\ °C}, \rho = 1.2 \frac{kg}{m^3}, C_p = 1.007 \frac{kJ}{kg\ °C}$, $Pr = 0.74, \mu = 1.8 * 10^{-5}\ Pas, Pr_s = 0.71, \rho_{tube} = 1.225 \frac{kg}{m^3}. F_{correction} = 0.967.$

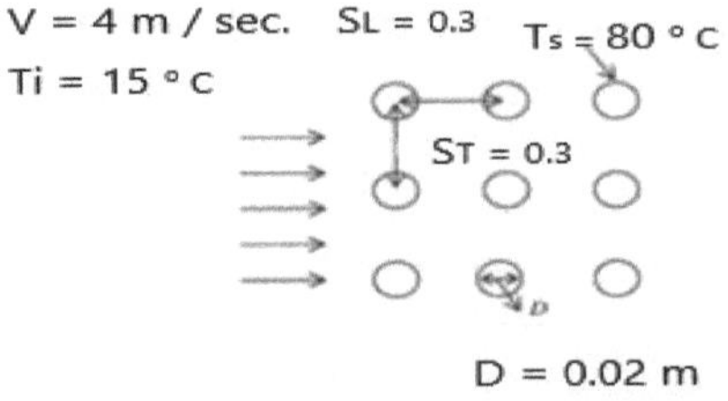

Figura 9: Ar de combustão pré-aquecido num tubo de banco. (Cortesia de Cengel 3rd edition, com permissão).

Solução

Cálculo da velocidade máxima

$$v_{max} = S_T \frac{V}{S_T - D} = \frac{(0.3)(4)}{(0.3-0.2)} = 20 \frac{m}{s}.$$

Cálculo do número de Reynold

$$Re_D = \frac{\rho v_{max} D}{\mu} = \frac{(1.2)(20)(0.2)}{1.8 * 10^{-5}} = 2.667 * 10^5.$$

Cálculo do número de Nusselt médio

$$Nu_D = 0.27(Re)^{0.63}(Pr)^{0.36}\left(\frac{Pr}{Pr_s}\right)^{0.25} = 0.27(2.667 * 10^5)^{0.63}(0.74)^{0.36}\left(\frac{0.74}{0.71}\right)^{0.25}$$
$$= 640.84.$$

O número de Nusselt é aplicável para $Nu_L > 16$ e no caso de $Nu_L = 8$, como assumir um valor de fator de correção $F_{correction} = 0.967$. Por conseguinte, o número de Nusselt médio é dado por:

$$Nu_{D,Nu} = F Nu_D = (0.967)(640.84) = 619.69.$$

Coeficiente médio de transferência de calor

$$h = \frac{Nu_{D,Nu}\, k}{D} = \frac{(640.84)(0.025)}{0.02} = 80.105 \frac{W}{m^2 K}.$$

O número total de tubos é $N = N_L N_c = (8)(8) = 64$, assim, para uma unidade de comprimento, a área da superfície térmica é

$$A_s = \pi D l N = (\pi)(0.02)(1)(64) = 4.02 \; m^2.$$

<u>**Caudal mássico**</u>

$$\dot{m} = \rho_c V (N_T S_T L) = 1.2(4)(8)(0.02)(1) = 0.768\,\frac{kg}{s}.$$

<u>**Temperatura do fluido de saída**</u>

$$T_e = T_s - (T_s - T_\infty)e^{-\frac{A_s h}{\dot{m}C_p}} = 80 - (80 - 20)e^{-\frac{(4.02)(80.105)}{(0.64)(1007)}} = 44\,^\circ C.$$

<u>**Temperatura média logarítmica**</u>

$$\Delta T_{ln} = \frac{(T_s - T_\infty) - (T_s - T_e)}{ln\left|\frac{T_s - T_\infty}{T_s - T_e}\right|} = \frac{(80 - 20) - (80 - 44)}{ln\left|\frac{80 - 20}{80 - 44}\right|} = 26.2\,^\circ C.$$

<u>**Transferência da taxa de calor**</u>

$$Q = hA_s\Delta T_{ln} = (80.105)(4.02)(26.2) = 8{,}436.97\,W = 8.437\,kW.$$

15) Uma placa de circuito impresso dissipa 50 W de potência de um lado numa área de $(0,6 \times 0,1)\,m^2$, e as caraterísticas distintas ilustradas na Figura 10. É utilizada uma ventoinha para arrefecer a placa com uma velocidade de fluxo de 15 m/s, paralela à maior dimensão da placa. Calcular a temperatura da superfície da placa para uma temperatura do ar de 20° C.

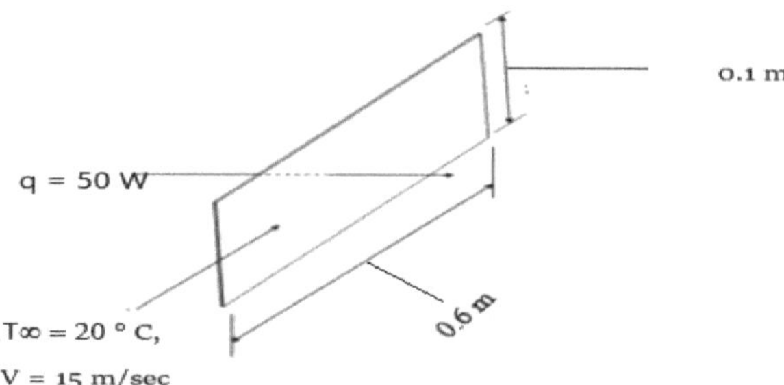

<u>**Figura 10: Placa de circuito impresso, dissipando 50 W de potência. Cortesia de Cengel 3rd edition, com permissão).**</u>

Solução

Transferência média de calor por unidade de área:

$$Q_{average} = \frac{Q}{A} = \frac{50}{(0.6)(0.1)} = \frac{50}{0.06} = 833.33 \frac{W}{m^2}.$$

Cálculo do número de Prandtl:

$$\text{Pr} = \frac{\mu C_p}{k} = \frac{(1.5 * 10^{-5})(1000)}{0.01} = 15.$$

Cálculo do número de Reynolds:

$$Re = \frac{\rho v L}{\mu} = \frac{(1.189)(15)(0.6)}{1.5*10^{-5}} = 668812.5. \text{ (Fluxo turbulento)}$$

Cálculo da densidade:

Equação de estado: $\rho = \frac{p}{RT} = \frac{10^5}{(2.87)(293)} = 1.189 \frac{kg}{m^3}.$

Cálculo do número de Nusselt médio:

$$Nu_{average} = (0.05\, Re^{0.8} - 3.101Pr^{0.51}) = (0.05)(6.68 * 10^6)^{0.8} - 3.16(15)^{0.333}$$
$$= 1221.979.$$

Cálculo da diferença de temperatura:

$$Nu_{average} = \frac{q_{average}L}{\Delta T k}, \Delta T = \frac{q_{average}L}{Nu_{average}\, k} = \frac{(833.33)(0.6)}{(1221.979)(0.03)} = 8.671\,^{\circ}C.$$

Cálculo da temperatura da superfície:

$$\Delta T = T_s - T_\infty,\ T_s = \Delta T + T_\infty = 8.671 + 20 = 28.671\,^{\circ}C.$$

16) A velocidade média do escoamento v = 1 m/s é considerada no tubo da Figura 11, com as suas caraterísticas distintas. Assume-se que o escoamento é regular, incompressível e totalmente desenvolvido. O escoamento também não envolve dispositivos de trabalho como bombas e turbinas. Tomar os seguintes valores dos parâmetros termodinâmicos: $\rho = 1000 \frac{kg}{m^3}$, $\mu = 1.3 * 10^{-3} \frac{kgm}{s}$. Calcule a perda de carga e a potência da bomba.

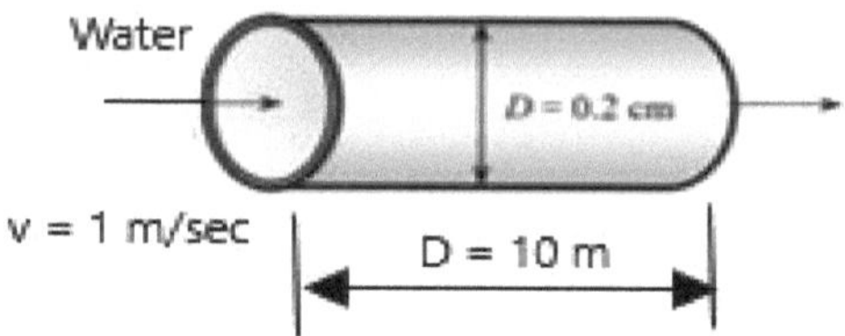

Figura 11: Escoamento de água através de um tubo Cortesia de Cengel 3rd edition, com permissão).

Solução

Cálculo do número de Reynolds

$$Re = \frac{\rho v D}{\mu} = \frac{(1000)(2)(0.002)}{(1.3*10^{-3})} = 1538.46 < 2300, \text{ e o escoamento é laminar.}$$

Cálculo do fator de atrito

$$f = \frac{64}{Re} = \frac{64}{1538.46} = 0.0416.$$

Cálculo da perda de carga

$$\Delta p = \frac{f\frac{L}{D}\rho}{2}\, v^2 = \frac{(0.0416)(1000)}{(2)(0.002)}\,(1)^2 = 10400\, Pa = 10.4\, kPa.$$

Cálculo do caudal volumétrico
Equação de continuidade:
$$V = v_{mean}A_c = v\frac{\pi D^2}{4} = \frac{(1)(\pi)(0.002)^2}{4} = 3.14*10^{-6}\frac{m^3}{s}.$$

Cálculo da potência bombeada

$$P = V\Delta p = (3.14*10^{-6})(10400) = 0.032\, W.$$

17) O ar flui através de uma conduta retangular a uma temperatura T= 40° C, com uma velocidade de 5 m/s, como mostra a figura 12. A temperatura da superfície é de $T_s = 20\,°C$ e o seu comprimento L = 5 m. Calcule a temperatura do ar à saída da conduta Te e a taxa de transferência de calor. Suponha um funcionamento em estado estacionário através da conduta, uma superfície lisa e que o ar é um gás ideal com propriedades constantes. Considere k = 0,026 $\frac{W}{m\,°C}$.

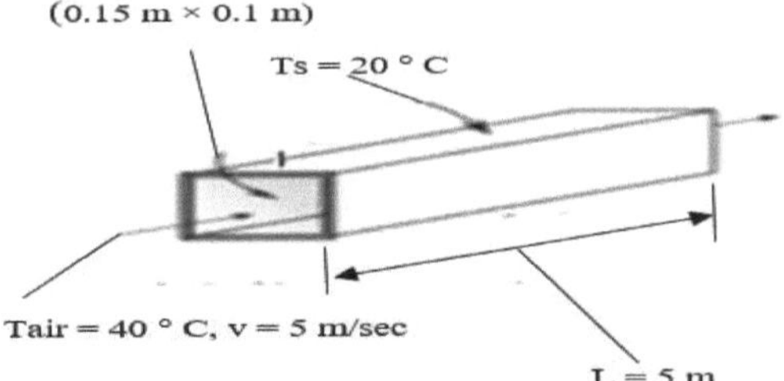

Figura 12: Conduta de escoamento retangular. Cortesia de Cengel 3rd edition, com permissão).

Solução

Cálculo do diâmetro hidráulico

$$D_h = \frac{4A_c}{Perimeter} = \frac{(4)(0.15*0.1)}{2(0.15+0.1)} = \frac{0.06}{0.5} = 0.12 \ m.$$

Número de Reynolds

$$Re = \frac{vD_h}{v} = \frac{(5)(0.12)}{1.7*10^{-5}} = \frac{600000}{1.7} = 35294.1 > 2300, \ \text{fluxo turbulento.}$$

O comprimento da entrada é, grosso modo, o seguinte $L_e = 10D_h = (10)(0.12) = 1.2 \ m$, mais curto

do que o comprimento da conduta.

Cálculo do número de Nusselt

$$Nu = 0.023(Re)^{0.8}(Pr)^{0.3} = 0.023(35294,14)^{0.8}(0.73)^{0.3} = 90.967.$$

Cálculo do coeficiente de transferência de calor

$$h = \frac{Nuk}{D_h} = \frac{(0.026)(90.96)}{0.12} = 72.768 \frac{W}{m^2 \, °C}.$$

Cálculo da área de saída

$$A_s = 2.5(0,15 + 0.1) = 2.5 \ m^2.$$

$$A_{duct} = (0.1)(0.15) = 0.015 \ m^2.$$

Cálculo do caudal mássico

$$\dot{m} = \rho v A_{duct} = (1.127)(5)(0.015) = 0.0879 \frac{kg}{s}.$$

Cálculo da temperatura de saída

$$T_{exit} = T_s - (T_s - T_\infty)e^{-\frac{A_{exit}h_s}{\dot{m}C_p}} = 20 - (20 - 40)e^{-\frac{(2.5)(72.768)}{(0.0879)(1007)}} = 22.58 \, °C.$$

18) Num permutador de calor de tubo duplo, o óleo é aquecido por um vapor saturado com as seguintes caraterísticas distintas, como mostra a Figura 13. Calcular o comprimento do tubo. Considere as seguintes propriedades termodinâmicas do óleo a 30° C: $\rho = 900\frac{kg}{m^3}$, $k = 0.14\frac{W}{m\,°C}$, $C_p = 1800\frac{kJ}{kg}$, $Pr = 2.2$.

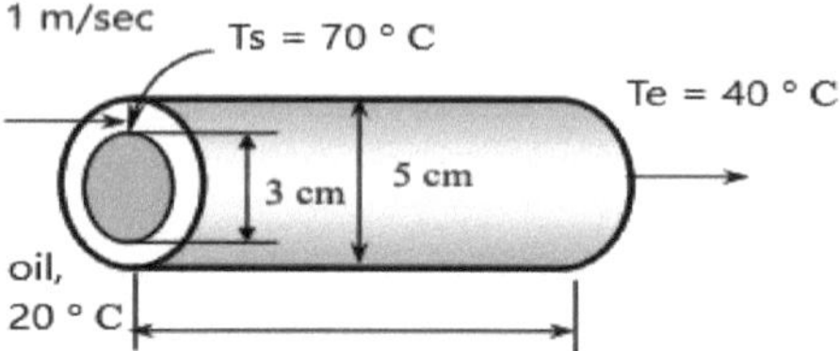

Figura 13: Permutador de calor de tubo duplo, aquecido a óleo. Cortesia de Cengel 3rd edition, com permissão).

Solução

Cálculo do caudal mássico

$$\dot{m} = \rho A_c v_{mean} = \frac{(900)(1)(\pi)(0.03)^2}{4} = 2.544\frac{kg}{s}.$$

Cálculo do caudal térmico

$$\dot{Q} = m\dot{C_p}\,\Delta\theta = (2.544)(1800)(40 - 20) = 91580\,W.$$

Seleção do número de Nusselt

De acordo com o $\frac{D_i}{D_o} = \frac{3}{5} = 0.6$ do quadro 1, após a interpolação linear $Nu_i = 5.56$.

Quadro 1: Seleção do número de Nusselt com base em $\frac{D_i}{D_o}$, cortesia do manual Cengel, 3rd edição com permissão.

D_i/D_o	Nu_i	Nu_o
0	—	3.66
0.05	17.46	4.06
0.10	11.56	4.11
0.25	7.37	4.23
0.50	5.74	4.43
1.00	4.86	4.86

Cálculo do coeficiente de transferência de calor

$$h = \frac{kNu_i}{\delta} = \frac{(0.14)(5.564)}{0.02} = 38.95\frac{W}{m\,°C}.$$ Considerando que: $\delta = D_o - D_i = 5 - 3 = 2\,cm = 0.02\,m$.

Cálculo da temperatura média logarítmica

$$\Delta T\ln = \frac{T_i - T_e}{\ln \left|\frac{T_s - T_e}{T_i - T_e}\right|} = \frac{(20 - 40)}{\ln \left|\frac{70 - 30}{70 - 20}\right|} = 89.686\,^{\circ}C.$$

Cálculo do comprimento do permutador de calor

$Q_s = hA_s\Delta T\ln$ e reorganizando em relação a A_s torna-se:

$$A_s = \frac{Q_s}{h\Delta T\ln} = \frac{91580}{(938.95)(89.686)} = 26.16\,m^2. \quad L = \frac{A_s}{\pi D_i} = \frac{26.616}{(\pi)(0.03)} = 283.15\,m.$$

19) A água está a ferver numa panela colocada no topo de um fogão, com as caraterísticas distintas mostradas na Figura 14. Considere as seguintes propriedades do ar a P = 1 atm e à temperatura do filme $T_f = 62^{\circ}$ C como: ($k = 0.029\frac{W}{m\,^{\circ}C}, v = 1.23 * 10^{-5}\frac{m^2}{s}$, Pr = 0.72). Assumir em estado estacionário que o ar é um gás ideal para condições de pressão atmosférica. Calcule a taxa de transferência de calor por radiação e por convecção.

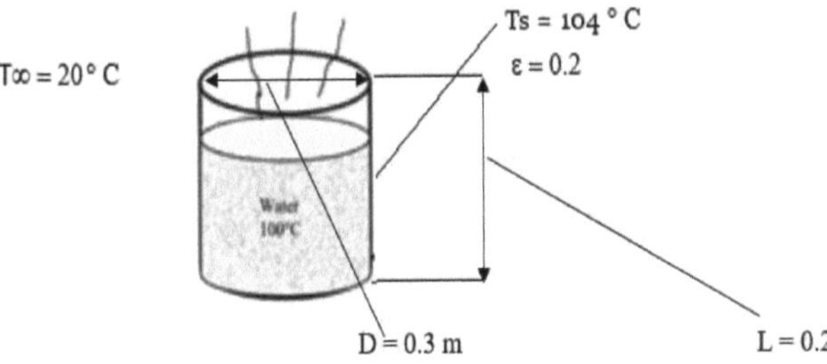

Figura 14: Água fervida numa panela (Cortesia de Cengel, 3rd edição com permissão).

Solução

β cálculo de parâmetros

$$\beta = \frac{1}{T_f} = \frac{1}{62 + 273} = 0.002986\,K^{-1}.$$

Cálculo do número de Rayleigh

Supondo que o comprimento caraterístico é a altura da panela L = 0,2 m, então o respetivo número de Rayleigh é:

$$Ra = \frac{g\beta(T_s - T_\infty)L^3}{v^2} = \frac{(9.81)(0.00296)(104-20)(0.2)^3}{(1.23*10^{-5})^2} = 5.2 * 10^6.$$

Tratando o cilindro como uma placa vertical, existe a seguinte condição:

$$\frac{3.5L}{(Gr)^{0.25}} = \frac{3.5L}{\left(\frac{Ra}{Pr}\right)^{0.25}} = \frac{(3.5)(0.2)}{\left(\frac{5.2*10^6}{0.72}\right)^{0.25}} = 0.0518 < 0.25.$$

Assim, a condição do respetivo diâmetro é inteiramente satisfeita:

$$D \geq \frac{3.5L}{(Gr)^{0.25}}, 0.2 \geq 0.0518.$$

Cálculo do número de Nusselt

$$Nu = \left(0.825 + \frac{0.387(Ra)^{\frac{1}{6}}}{\left(\left(1+\left(\frac{0.492}{Pr}\right)^{\frac{9}{16}}\right)^{\frac{8}{27}}\right)}\right) = \left(0.825 + \frac{0.387\left(5.2*10^6\right)^{\frac{1}{6}}}{\left(\left(1+\left(\frac{0.492}{0.72}\right)^{\frac{9}{16}}\right)^{\frac{8}{27}}\right)} = 8.65.\right.$$

Coeficiente de transferência de calor

$$h = \frac{k}{L}Nu = \frac{(0.029)(8.65)}{0.2} = 1.254 \frac{W}{m^2 \,°C}.$$

Superfície da panela

$$A_s = \pi DL = (\pi)(0.3)(0.2) = 0.1884 \, m^2.$$

Taxa de transferência de calor por convecção

$$Q_{convection} = hA_s(T_s - T_\infty) = (1.254)(0.1884)(104 - 20) = 19.845 \, W.$$

Taxa de transferência de calor por radiação

$$Q_{radiation} = \varepsilon c_\mu A_s \left(T_s^4 - T_\infty^4\right) = (0.2)(5.67 * 10^{-8})(104 + 273)^4 - (20 + 273)^4$$
$$= 27.41 \, W.$$

20) Uma tubagem de vapor é estendida de uma extremidade à outra da instalação com as caraterísticas distintas mostradas na Figura 15. Tomar os seguintes valores

termodinâmicos dos parâmetros a uma temperatura de película $T_f = 30\ °C$: ($k = 0.026\frac{W}{m\,°C}$, $v = 1.6*10^{-5}\frac{m^2}{s}$, $\text{Pr} = 0.73$.

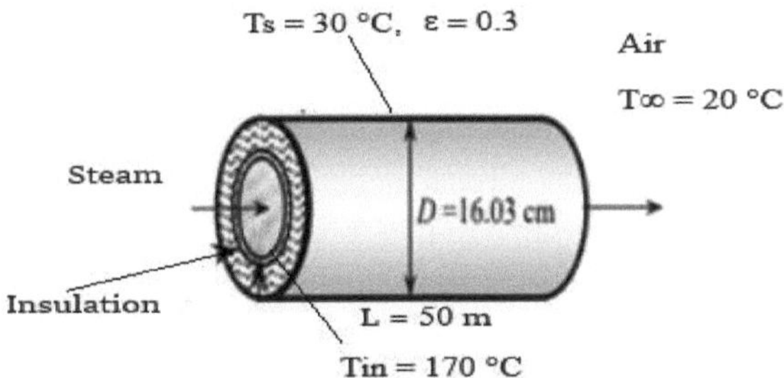

Figura 15: Tubagem de vapor (Cortesia de Cengel 3rd edition, com permissão).

Solução

Supondo que a temperatura exterior da superfície exterior é de 40° C, considere que o comprimento caraterístico é o diâmetro D = 0,1603 m.

β coefficient value calculation

$$\beta = \frac{1}{T_f} = \frac{1}{303} = 0.03.$$

Cálculo do número de Rayleigh

$$Ra = \frac{g\beta(T_s - T_\infty)Pr}{v^2} = \frac{(9.81)(0.03)(30-20)(0.73)}{(1.6*10^{-5})^2} = 1.1785*10^5.$$

Cálculo do número de Nusselt

$$Nu = \left(0.6 + \frac{0.387(Ra)^{\frac{1}{6}}}{\left(\left(1+\frac{0.559}{Pr}\right)^{0.5625}\right)^{0.296}}\right) = 8.157.$$

Coeficiente de transferência de calor

$$h = \frac{k}{D}Nu = \frac{(0.026)}{0.1603}(8.157) = 132.3\frac{W}{m^2\,°C}.$$

Área de superfície do tubo de vapor

$$A_s = \pi DL = (\pi)(0,1603)(50) = 25.178\ m^2.$$

Taxa total de transferência de calor com radiação e convecção

$$Q_{total} = Q_{convection} + Q_{radiation} = hA_s(T_s - T_\infty) + \varepsilon c_\mu A_s (T_s^4 - T_\infty^4) =$$
$$(21.328)(25.178)(30 - 20) + (0.3)(5.67 * 10^{-8})(30 + 273)^4 - (20 + 273)^4 =$$
$$33271 \, W.$$

1) Uma nave espacial absorve radiação solar de 950 W/m^2 enquanto perde radiação térmica, como mostra a figura 1. A superfície exterior da nave espacial apresenta um coeficiente de emissividade $\varepsilon = 0,7$ e um coeficiente de absorção $\alpha = 0,2$. Determine a temperatura da superfície da nave espacial, assumindo condições estáveis, quando a temperatura do espaço é 0 K e $\sigma = 5.67 \times 10^{-8} \frac{W}{m^2 K^4}$.

(Dica: Solar absorvido = Calor irradiado e valor da constante de Stefan Boltzman,

$\sigma = 5.67 \times 10^{-8}$)

Solução:

Balanço energético

$Q_{solar\ absorbed} = Q_{rad} \Rightarrow$

$\alpha \times Q_{solar\ absorbed} \times A = \varepsilon \times \sigma \times A \times (T_s^4 - 0) \Rightarrow$

Por conseguinte: $950\ W/m^2$

$$T_s = \sqrt[4]{\frac{\alpha \times Q_{solar}}{\varepsilon \times \sigma}} , T_s = \sqrt[4]{\frac{0.2 \times 950}{0.7 \times 5.67 \times 10^{-8}}},$$

$$T_s = 263.04\ K.$$

$\alpha = 0.2$

$\varepsilon = 0.7$

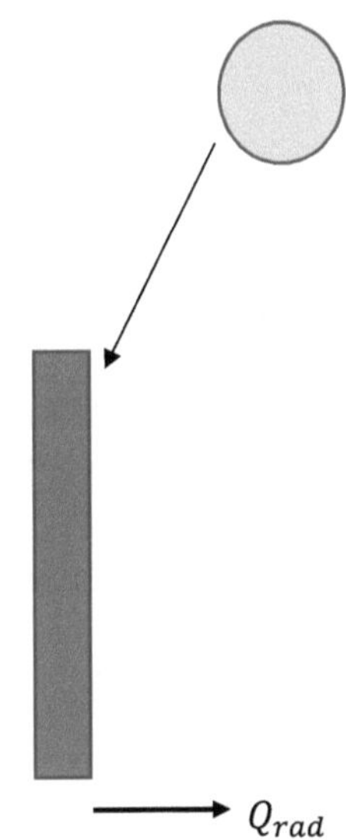

2) O Sol emite radiação máxima com um comprimento de onda de $\lambda = 0.52 * 10^{-6}\ m$, quando a temperatura da sua superfície é T = 5576 K. Calcule o:

i)   Potência emissiva monocromática da superfície do sol.

ii)   Potência emissiva total.

iii)   Potência emissiva máxima.

(Dica: $c_1 = 0.374 \times 10^{-15} Wm^2$, $c_2 = 14.4 \times 10^{-3}\ mK$)

Solução:

i)   Potência emissiva monocromática ($E_{b\lambda}$)

Aplicação da lei de Plank:

$$E_{b\lambda} = \frac{c_1 \lambda^{-5}}{\left(e^{\frac{c_2}{\lambda T}} - 1\right)}\ (1).$$

Substituindo os dados na equação (1), obtém-se

$$E_{b\lambda} = \frac{0.374 \times 10^{-15} \times (0.52 \times 10^{-6})^{-5}}{\left(e^{\frac{14.4 \times 10^{-3}}{0.52 \times 10^{-6} * 5576}} - 1\right)} \Rightarrow E_{b\lambda} = 6.92 \times 10^{13}\ \frac{W}{m^2}.$$

ii)   Potência emissiva total

$$E = \sigma \times T^4 = 5.67 \times 10^{-8} \times (5576)^4\ \frac{W}{m^2}.$$

iii)   Potência emissiva máxima

$$E_{max} = 1.285 \times 10^{-5} \times T^5 = 1.285 \times 10^{-5} \times (5576)^5\ \frac{W}{m^2}.$$

3) O filamento de uma lâmpada de 80 W é considerado como um corpo negro ($\varepsilon = 1$), irradiando de um recinto negro a 60° C com um diâmetro de 0,2 mm e um comprimento de 6 cm. Calcule a temperatura do filamento.

Solução:

Lei de Stefan Boltzmann: $Q = \varepsilon \times \sigma \times A \times (T_1^4 - T_2^4)$, onde:

$\varepsilon = 1$,

$$\sigma = 5.67 \times 10^{-8} \frac{W}{m^2 K^4},$$

$$A = \pi \times d \times l = \pi \times 0.0002 \times 0.06 = 3.77 \times 10^{-4}\ m^2,$$

$$Q = 80\ W,$$

$$T_2 = 333\ K.$$

Assim, a substituição na expressão acima dá:

$$80 = 1 \times 5.67 \times 10^{-8} \times 3.77 \times 10^{-4} \times (T_1^4 - 333^4) \Rightarrow$$

$$T_1^4 = 333^4 + \frac{80}{5.67 \times 10^{-8} \times 3.77 \times 10^{-4}} \Rightarrow T_1 = 1392.07\ K.$$

Por conseguinte, a temperatura do filamento é $T_1 = 1109.07 - 273\ °C = 1109.07\ °$C.

4) Para a configuração mostrada abaixo, determine o valor da vista geométrica $F_{1-2,3,4}$.

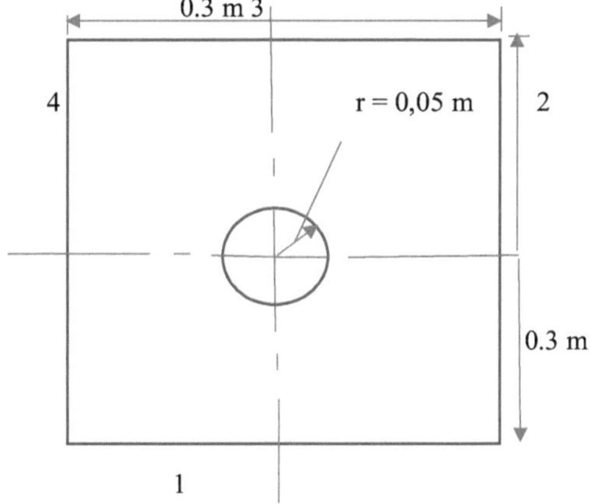

Solução

Da definição: $F_{1-2,3,4} = F_{1-2,3,4}|\ with\ no\ blockage\ by\ the\ cyl\ 1., 5 - F_{1-5}$

mas, $F_{1-2,3,4} = F_{1-2} + F_{1-3} + F_{1-4} = 1$, considerando que: $F_{1-5} = \frac{r}{b-a}\left[\tan^{-1}\left(\frac{b}{c}\right) - \tan^{-1}\left(\frac{-b}{c}\right)\right]$ e para r = 0,05 m, a = - 0,15 m, b = c = 0,15 m torna-se:

$$F_{1-5} = \frac{0.05}{0.15-(-0.15)}\left[\tan^{-1}\left(\frac{0.15}{0.15}\right) - \tan^{-1}\left(\frac{-0.15}{0.15}\right)\right] = 0.333, \text{ o}$$

desconhecido $F_{1-2,3,4} = 1 - F_{1-5} = 1 - 0.333 = 0.667$.

5) Calcule a transferência líquida de calor por unidade de comprimento entre os dois cilindros pretos (superfícies 1 e 2) como mostrado abaixo (l = 0,09 m, d = 0,04 m). Assuma, $\sigma = 5.67 * \frac{10^{-8} \, W}{m^2 K^4}$.

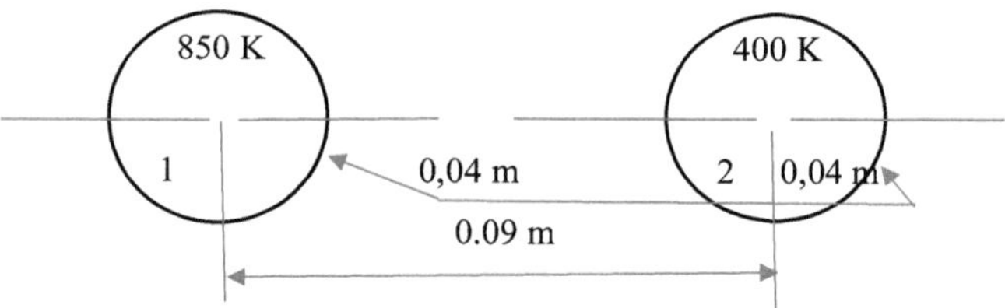

Solução

$$\frac{Q}{l} = \pi * d * F_{1-2} * \sigma * (T_1^4 - T_2^4) \ (1).$$

O coeficiente de visão geométrica é calculado por:

$$F_{1-2} = \frac{1}{\pi}\left[\sqrt{\left(1 + \frac{\frac{l}{2}}{d}\right)^2 - 1} + \sin^{-1}\frac{1}{1 + \frac{\frac{l}{2}}{d}} - 1 - \frac{\frac{l}{2}}{d}\right]$$

$$= \frac{1}{\pi}\left[\sqrt{\left(1 + \frac{0.03}{0.04}\right)^2 - 1} + \sin^{-1}\frac{1}{1 + \frac{0.03}{0.04}} - 1 - \frac{0.03}{0.04}\right] = 0.0937.$$

Assim, a substituição em (1) dá:

$$\frac{Q}{l} = \pi * 0.04 * 0.0937 * 5.67 * 10^{-8} * \left(\left(\frac{850}{100}\right)^4 - \left(\frac{400}{100}\right)^4\right) = 331.35 \frac{W}{m}.$$

6) Duas grandes placas paralelas com emissividade de $\epsilon_1 = 0,2$ e $\epsilon_2 = 0,9$ trocam calor. Calcule a percentagem de redução deste calor, quando uma proteção de emissividade $\epsilon_s = 0,02$ é colocada entre as placas.

<u>**Solução**</u>

Percentagem de redução da transferência de calor:

$$PR = \frac{Reduction\ of\ the\ heat\ transfer\ from\ the\ shield}{Net\ Heat\ transfer} =$$

$$\frac{(Q_{12,net})\ with\ shield - (Q_{13,net})\ without\ shield}{(Q_{12,net})} = 1 - \frac{(Q_{13,net})}{(Q_{12,net})} \qquad (1)$$

Por isso, é necessário exprimir a respectiva temperatura T_3, em termos de T_1 e T_{shield}. Assim, a partir do balanço energético:

$$Q_{13,net} = Q_{3s,net}, \quad \frac{(T_1^4 - T_s^4)}{\frac{1}{\varepsilon_1} + \frac{1}{\varepsilon_s} - 1} = \frac{(T_s^4 - T_3^4)}{\frac{1}{\varepsilon_s} + \frac{1}{\varepsilon_2} - 1}, \frac{(T_1^4 - T_s^4)}{\frac{1}{0.2} + \frac{1}{0.02} - 1} = \frac{(T_s^4 - T_2^4)}{\frac{1}{0.02} + \frac{1}{0.9} - 1}, (2)$$

$\frac{(T_1^4 - T_s^4)}{54} = \frac{(T_3^4 - T_s^4)}{50.11}$ e reorganizando a fórmula após a manipulação algébrica, obtém-se

$$T_s^4 - 0.48(T_1^4) + 1.077(T_2^4). \qquad (3)$$

Assim, substituindo na relação de redução da Percentagem:

$$PR = 1 - 0.959\frac{(T_1^4 - T_s^4)}{(T_1^4 - T_2^4)}. \qquad (4)$$

Substituindo a respectiva expressão da temperatura T_3 (3) em (4), obtém-se

$$PR = 1 - 0.959\frac{(T_1^4 - 0.48T_2^4)}{(T_1^4 - T_2^4)} = 1 - \frac{0.478}{1.032}\frac{(T_1^4 - T_2^4)}{(T_1^4 - T_2^4)} = 1 - \frac{0.478}{1.032} = 0.537.$$

Por conseguinte, o termo PR é reduzido em 53,7 % com a presença do escudo.

7) Desenvolver o método das cordas para prever o fator de visão F_{1-2} entre duas superfícies diretas L_{1-a-c} e L_{1-b-d} da figura abaixo:

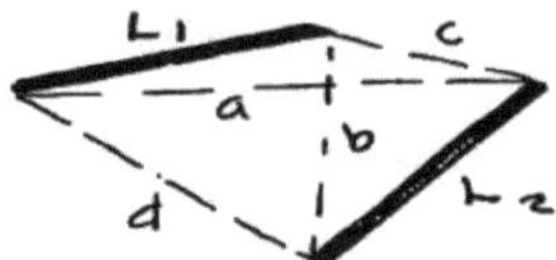

Figura 1: Duas superfícies combinadas diretas L_{1-a-c} e L_{1-b-d}.

Assumir que as áreas são proporcionais às distâncias.

Solução

Factores de vista ou de forma:

$$F_{1-c} = \frac{L_1+c-a}{2L_1} \, , \qquad\qquad F_{1-d} = \frac{L_1+c-b}{2L_1} \qquad\qquad (1)$$

Assim, a aplicação da fórmula do somatório dá:

$$F_{1-2} = 1 - F_{1-c} - F_{1-d} \qquad\qquad (2), \text{e}$$

substituindo as expressões dos respectivos factores de forma após alguma álgebra, obtém-se

$$F_{1-2}\frac{1}{2L_1}(a + b) - (c + d).$$

8) A 30×30 m^2 tem um telhado inclinado convencional com uma inclinação de $30°$, enquanto o pico está a correr na direção de 30 m. Calcule a temperatura do telhado para uma temperatura do ar de $20°$ C no caso de o Sol estar por cima. Assumir que a energia solar incidente de $I_o = 700\frac{W}{m^2}$, a temperatura efectiva do céu é de $20°$ C que os materiais do telhado são radiadores cinzentos e que o telhado está muito bem isolado.

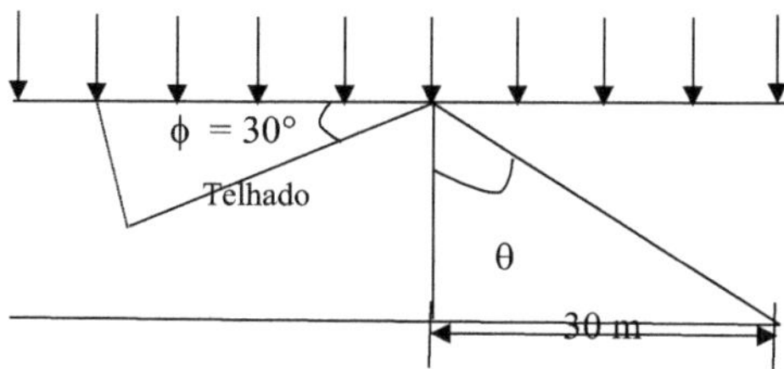

Figura: 2 Telhado inclinado convencional com uma inclinação de $30°$.

Solução

O sol está diretamente acima da cabeça com uma intensidade de $I_o = 700\frac{W}{m^2}$ e a respectiva radiação solar incidente no telhado é dada por

$$q_o = I_o cos30° = (700)(0.866) = 606.2\frac{W}{m^2}.$$

Assim, o balanço de energia entre a energia solar e a troca de radiação infravermelha do céu torna-se (para um corpo negro ε =1, bem como um coeficiente de absorção α = 1) como:

$(A_{roof})\,(a_{solar})(q_{solar}) = (A_{roof})\,(\varepsilon)(\sigma)\,(T^4_{roof} - T^4_{sun})$, pelo que, substituindo os dados e a respectiva e reorganizando a fórmula em relação à temperatura desconhecida do telhado, obtém-se

$606.2 = (5.67 * 10^{-8})\,(T^4_{roof} - 293^4)$, e depois de alguma álgebra:

$$T^4_{roof} = 10698728075.801, \quad T_{roof} = 321.16\,K.$$

9) A figura seguinte ilustra uma secção longa de uma casca cilíndrica com um raio R, sem formar uma circunferência. A respectiva casca cilíndrica forma um arco que abrange um ângulo θ inferior a $180°$. Supondo que a casca é curva e que a superfície interior da casca se vê a si própria. Calcule o fator de visão F_{1-1}, para $\theta = 30°$.

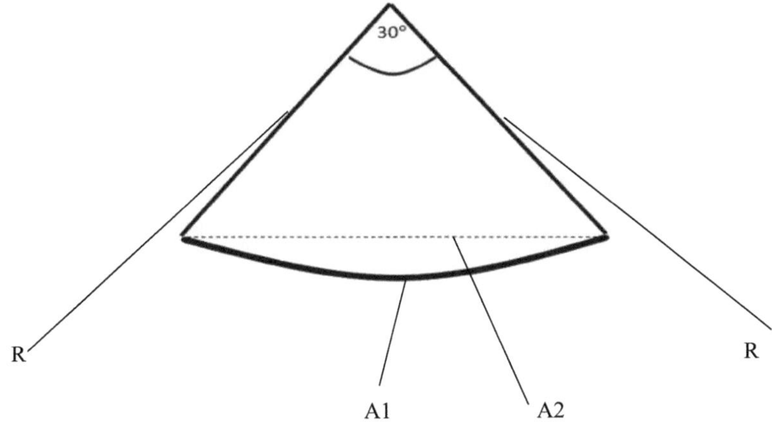

Figura 3: Secção longa de uma casca cilíndrica.

Solução

Assumir que a superfície plana A2, se encontra ao longo da parte aberta do arco e aplicar a fórmula do somatório:

$$F_{2-1} + F_{2-2} = 1, \quad \text{para } F_{2-2} = 0, F_{2-1} = 1.$$

E da fórmula de reciprocidade:

$$(F_{1-2})(A_1) = (F_{2-1})(A_2), \quad F_{1-2} = \frac{A_2}{A_1}$$

Assim, a respectiva fórmula de soma passa a ser:

$$F_{1-1} + F_{1-2} = 1, \quad F_{1-1} = 1 - \frac{A_2}{A_1} = 1 - \frac{R\sin\left(\frac{\theta}{2}\right)}{\left(\frac{\theta}{2}\right)(R)} = 1 - \frac{2(\sin(15°))}{15°}.$$

A conversão de graus em radianos dá: $15° = 15°\left(\frac{2\pi}{360°}\right) = 0.2617\ radians$.

Assim, o fator de visão $F_{1-1} = 1 - 0.2617 = 0.738$.

10) Um líquido bifásico de oxigénio é armazenado num tanque de planta com 1,5 m de diâmetro, sendo a sua superfície mantida a 60 K e o tanque rodeado por uma superfície esférica concêntrica de 2 m de diâmetro a 273 K. Suponha que ambas as superfícies esféricas apresentam um fator de emissividade de 0,1 e que o espaço entre a esfera interior e a esfera exterior é aspirado, bem como que a superfície do tanque esférico apresenta a mesma temperatura que o oxigénio. Calcule a taxa de transferência de calor na superfície do tanque esférico.

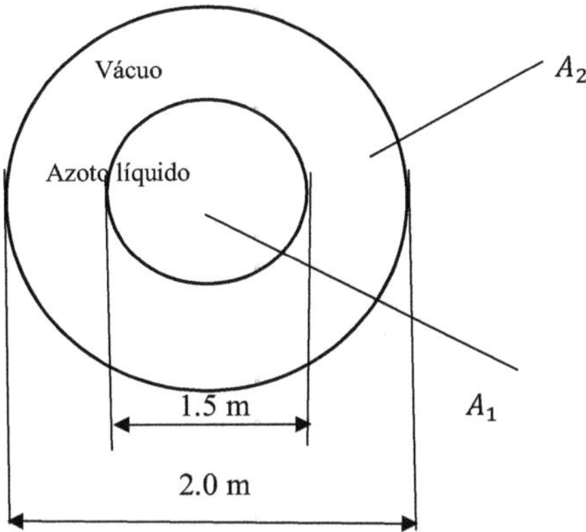

Figura 4: O líquido bifásico de oxigénio é armazenado num tanque de 1,5 m de diâmetro.

Solução

O calor líquido por radiação transferido do recinto fechado para o tanque de azoto líquido é:

$$Q_{1-2} = \frac{A_1 \sigma (T_1^4 - T_2^4)}{\frac{1}{\varepsilon_1} + \frac{1-\varepsilon_2}{\varepsilon_2}\left(\frac{r_1}{r_2}\right)^2} = \frac{4\pi (0.75)^2 (5.67 \times 10^{-8})(273^4 - 60^4)}{\frac{1}{0.1} + \frac{1-0.1}{0.1}\left(\frac{0.75}{1}\right)^2} = 14.33\ W.$$

11) Duas placas paralelas de $(0,5 \times 1)\ m^2$ estão espaçadas de 0,5 m e ambas as placas são mantidas a 550 K. Assumindo que os factores de emissividade são 0,2 e 0,4, estão localizadas numa sala muito grande, mantida a uma temperatura de 293 K. As placas trocam calor entre si e com a sala, mas apenas serão consideradas as placas que estão de frente uma para a outra, como mostra a figura abaixo. Calcule a taxa líquida de transferência de calor entre si e para a sala (1,2 e 3), negligenciando os modos de transferência de calor por condução e convecção. Assuma a difusão, superfícies cinzentas e opacas, uma transferência de calor em estado estacionário, bem como um valor do fator de forma entre as superfícies (1-2) $F_{12} = 0.285$.

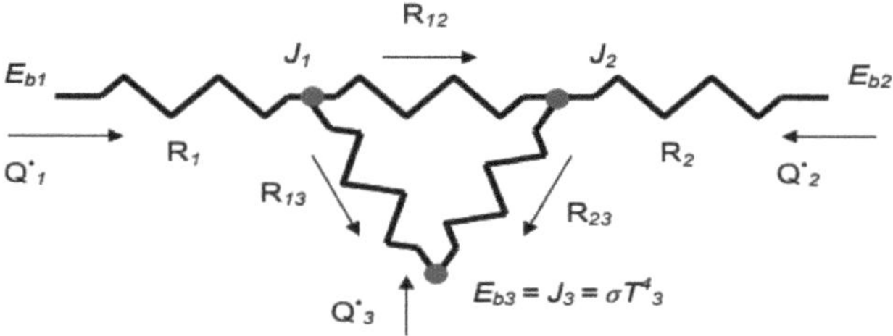

Figura 5: Duas placas espaçadas em paralelo.

Solução

A respectiva rede de calor é ilustrada abaixo:

Assumindo um corpo negro, a respectiva resistência superficial é dada por

$R_3 = \frac{1-\varepsilon_3}{A_3\varepsilon_3} = 0$ e assumindo que

Portanto, a partir da fórmula de reciprocidade, $F_{12}\,A_1 = F_{21}A_2$, $F_{12} = F_{21} = 0.285$.

A aplicação da fórmula do somatório dá:

$F_{11} + F_{12} + F_{13} = 1$, assumindo, para uma superfície plana, que $F_{11} = 0$ então, reordenando o

a respectiva fórmula por meio de F_{13} dá:

$F_{13} = 1 - F_{12} = 1 - 0.285 = 0.715.$

Da simetria obtemos: $F_{23} = F_{13} = 0.715.$

Cálculo das resistências de superfície:

$$R_1 = \frac{1-\varepsilon_1}{A_1\varepsilon_1} = \frac{1-0.2}{(0.5)(0.2)} = \frac{0.8}{0.1} = 8.$$

$$R_2 = \frac{1-\varepsilon_2}{A_2\varepsilon_2} = \frac{1-0.4}{(0.5)(0.4)} = \frac{0.6}{0.2} = 3.$$

Cálculo das resistências espaciais:

$$R_{12} = \frac{1}{A_1 F_{12}} = \frac{1}{0.5*0.285} = 7.017.$$

$$R_{13} = \frac{1}{A_2 F_{13}} = \frac{1}{(0.5)(0.715)} = \frac{1}{(0.5)(0.715)} = 2.797.$$

$$R_{23} = \frac{1}{A_2 F_{23}} = \frac{1}{(0.5)(0.715)} = \frac{1}{(0.5)(0.715)} = 2.797.$$

Radiocidade apenas para as superfícies 1 e 2 e assumir a superfície 3 como um corpo negro, $\varepsilon_3 = \quad 1, J_3 = \sigma T_3^4$.

Nó J_1: $\dfrac{E_{b1}-J_1}{R_1} + \dfrac{J_2-J_1}{R_{12}} + \dfrac{J_3-J_1}{R_{13}} = 0.$

Nó J_2: $\dfrac{E_{b2}-J_2}{R_2} + \dfrac{J_1-J_2}{R_{12}} + \dfrac{J_3-J_2}{R_{23}} = 0$

Considerando que: $E_{b1} = E_{b2} = \sigma T_1^4 = 5.67 * 10^{-8} (550)^4 = 51884.1 \ W/m^2$

$$J_3 = \sigma T_3^4 = 5.67 * 10^{-8} (293)^4 = 417.88 \frac{W}{m^2}.$$

Assim, a substituição na respectiva expressão dá:

$\dfrac{51884.1-J_1}{8} + \dfrac{J_2-J_1}{7.017} + \dfrac{418.88-J_1}{2.797} = 0$ e, após alguma manipulação algébrica, obtemos

com: $J_1 = 239.23 + 0.228 J_2 \quad (1)$

Substituindo os respectivos dados na expressão de radiocidade do nó J_2 gives:

$\dfrac{51884.1-J_2}{3} + \dfrac{J_1-J_2}{7.017} + \dfrac{418.88-J_2}{2.797} = 0$ e combinando-o com a equação (1) obtém-se

$\dfrac{51884.1-J_2}{3} + \dfrac{(239.23+0.223 J_2) - J_2}{7.017} + \dfrac{418.88-J_2}{2.797} = 0$ Assim, a fórmula é reorganizada:

$$J_2 = 8506.42 \frac{W}{m^2}.$$

Substituindo de volta à equação (1), o respetivo valor de J_1 torna-se:

$$J_1 = 2253.214 \; \frac{W}{m^2}.$$

Perda total de calor pela placa:

$$Q_1 = \frac{E_{b1} - J_1}{R_1} = \frac{51884.1 - 2253.241}{8} = 6203.86 \; W.$$

De forma idêntica: $Q_2 = \frac{E_{b2} - J_2}{R_2} = \frac{51884.1 - 8506.42}{3} = 14{,}459.23 \; W.$

A radiação total recebida pela sala (3) passa a ser:

$$Q_3 = Q_1 + Q_2 = 6203.86 + 14459.23 = 20{,}6331.9 \; W.$$

12) Calcular os factores de visão F_{12} e F_{21} das seguintes geometrias.

i) Uma esfera de diâmetro a encontra-se no interior de uma caixa cúbica de comprimento L=D, como se mostra a seguir:

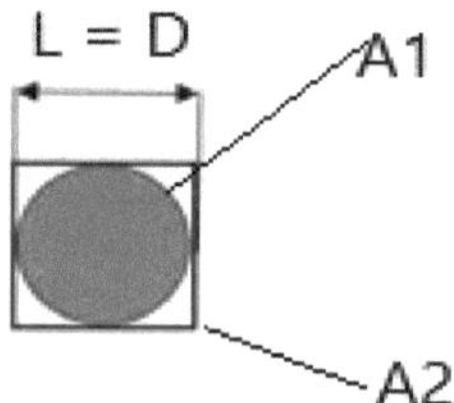

ii)   Uma partição diagonal dentro de uma conduta quadrada longa é mostrada abaixo:

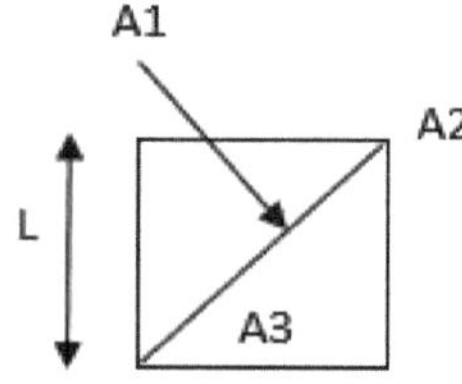

Solução

i)   Esfera de um cubo, pelo que o fator de visualização passa a ser: $F_{12} = 1$.

A aplicação da reciprocidade e da regra da soma dá:

$$F_{12}\, A_1 = F_{21} A_2, \quad F_{21} = \frac{A_1}{A_2} = \frac{\pi D^2}{4L^2} \text{ e para } D = L, \text{ dá:}$$

$$F_{21} = \frac{\pi}{4}.$$

Assim, a respectiva regra da soma dá: $F_{21} + F_{22} = 1$, $F_{22} = 1 - \frac{\pi}{4}$.

ii)   Partição dentro de uma conduta quadrada:

A regra da soma dá:

$$F_{11} + F_{12} + F_{13} = 1, \quad F_{11} = 0, \text{ e da simetria:}$$

$F_{12} = F_{13}$, substituindo-o na fórmula, obtém-se

$$F_{12} = F_{13} = 0.5.$$

A aplicação da fórmula de reciprocidade dá:

$$F_{12}\, A_1 = F_{21} A_2, \quad F_{21} = F_{12} \frac{A_1}{A_2} = 0.5 \frac{\sqrt{2}\, L}{L} = 0.71.$$

13) Uma experiência física utiliza azoto líquido como refrigerante e azoto líquido saturado a 70 K, que flui através de 6 mm de linha de aço inoxidável com uma emissividade de $\varepsilon_1 = 0.1$, dentro de uma câmara de vácuo. As paredes da câmara estão a uma temperatura $T_c = 210\ K$ a uma distância da tubagem. Calcule o ganho de calor da linha por unidade de comprimento, assumindo que um tubo de aço inoxidável de 2nd, com 10 mm de diâmetro, é colocado em torno da linha actuando como um escudo com $\varepsilon_s = 0.1$. Além disso, calcule a taxa de redução do ganho de calor, incluindo a temperatura do escudo.

Solução

O refrigerante de azoto mantém a superfície a 70 K, uma vez que a resistência térmica da parede do tubo com a convecção interna devido à presença da ebulição. Assim, sem a presença do escudo, o calor ganho é:

$$Q_{gain} = \pi(D_1)(\varepsilon_1)(T_c^4 - T_1^4) = \pi\,(0.06)(0.1)(5.67*10^{-8})(210^4 - 70^4) = 4.105\,W.$$

Considerando a adição do escudo, o respetivo calor ganho por $A_s > A_1$ a fórmula torna-se:

$$Q_{gain} = \frac{\sigma(T_c^4 - T_1^4)}{\left(\dfrac{1-\varepsilon_1}{A_1\varepsilon_1}\right) + \dfrac{1}{A_1} + \underbrace{\left(\dfrac{1-\varepsilon_1}{\varepsilon_c A_c}\right)}_{0} + 2\left(\dfrac{1-\varepsilon_s}{\varepsilon_s A_s}\right) + \dfrac{1}{A_s}}$$

, pelo que, substituindo os respectivos dados, obtém-se

$$Q_{gain} = \frac{5.67*10^{-8}(210^4 - 70^4)}{\left(\dfrac{1-0.1}{\frac{\pi(0.006)^2}{4}(0.1)}\right) + \dfrac{1}{\pi\frac{(0.006)^2}{4}} + 2\left(\dfrac{1-0.1}{(0.1)\frac{(\pi)(0.01)^2}{4}}\right) + \dfrac{1}{\frac{(\pi)(0.01)^2}{4}}},$$

$$Q_{gain} = 4.749 * \frac{10^{-4}W}{m}.$$

Por conseguinte, a temperatura da respectiva blindagem é dada por:

$$\frac{Q_{gain}}{l} = \pi(D_s)(\varepsilon_s)(T_c^4 - T_s^4),\quad 4.749*10^{-4} = \pi(0.01)(0.1)(5.67*10^{-8})(210^4 - T_s^4),$$

$$T_s^4 = 210^4 - 4.749 * \frac{10^4}{\pi(0.1)(0.01)(5.67)},\ T_s = 209.2\,K.$$

14) Um aquecedor elétrico é colocado numa sala e consome uma potência de 300 W, como ilustrado na figura abaixo, sendo a temperatura da sua superfície de 100° C. Suponha que a área de aquecimento $A = 0,3\ m^2$ para uma temperatura ambiente de 20° C e um fator de emissividade $\varepsilon = 0,8$. Calcule o coeficiente de transferência de calor por convecção do aquecedor, quando este consome uma potência de 500 W, na presença de radiação. Considere uma condição de estado estacionário e uma temperatura uniforme sobre a superfície.

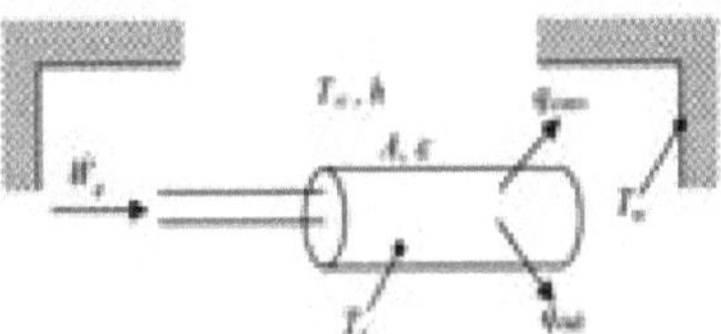

Figura 6: Aquecimento elétrico colocado numa divisão.

Solução

O respetivo coeficiente de transferência de calor por convecção h, após a negação da

a transferência de calor por radiação é dada por:

$$Q = Ah(T_s - T_\infty), \quad h = \frac{Q}{A(T_s - T_\infty)} = 12.5\,\frac{W}{m^2\,°C}.$$

Assim, a temperatura da superfície respectiva no caso de o aquecedor consumir 500 W passa a ser:

$$T_s = T_\infty + \frac{Q}{hA} = 20 + \frac{500}{(12.5)(0.3)} = 153.3\ °C.$$

Após a consideração da radiação, a transferência total de calor torna-se:

$$Q_{total} = hA(T_s - T_\infty) + \varepsilon\sigma A(T_s^4 - T_\infty^4)$$ e transpondo em relação à convecção

o coeficiente de transferência de calor dá:

$$h = \frac{Q}{A(T_s - T_\infty)} - \varepsilon\sigma A(T_s^4 - T_\infty^4)$$ e substituindo os respectivos dados obtém-se

$$h = \frac{300}{0.3\,(153.3 - 20)} - (0.3)(5.67 * 10^{-8})(0.8)(153.3^4 - 20^4) = 7.314\,\frac{W}{°C\,m^2}.$$

15) A emissividade da respectiva área e a temperatura de um plano de superfície dentro de uma grande câmara fechada a uma temperatura prescrita com os atributos distintos são apresentadas na figura abaixo. Suponha-se que a área do plano é inferior às paredes da câmara.

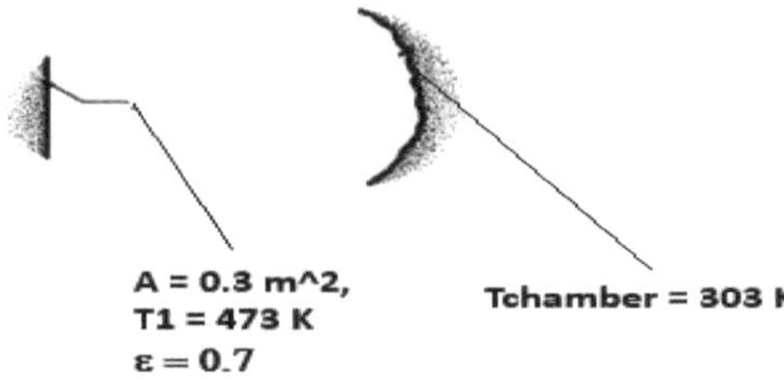

Figura 7: Emissividade da área e temperatura de um plano de superfície numa grande câmara fechada.

Calcular o:

i)   Taxa de emissão de radiação à superfície

ii)   Rácio líquido da troca de radiação entre a superfície plana e as paredes da câmara.

Solução

i)   A radiação de superfície emitida é dada por:

$$q_{net} = \varepsilon A \sigma T_1^4 = (0.7)(0.3)(5.67 * 10^{-8})(473^4) = 809.66\,W.$$

ii)   A taxa líquida de radiação transmitida da superfície plana para a parede da câmara passa a ser

$$q = A\varepsilon\sigma(T_1^4 - T_{chamber}^4) = (0.3)(0.7)(5.67 * 10^{-8})(473^4 - 303^4) =$$
$$495.64\,W.$$

16) Num chip de 5 mm de largura, a parede queima o calor adicionado a uma temperatura de 300 K e o calor é perdido por convecção para o ambiente. Assumindo que a emissividade da pastilha é $\varepsilon = 0,8$ e que a temperatura do ambiente circundante é $T_{sur} = 200K$, como ilustrado na figura abaixo.

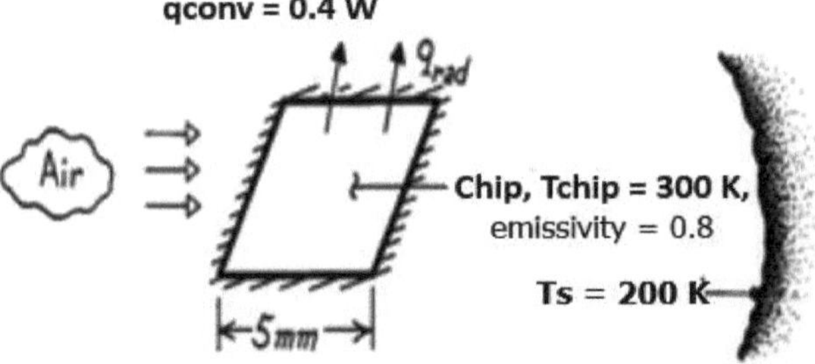

Figura 8: Lasca encerrada nos fogos de parede.

Calcular o:

i)   Potência do chip a partir da radiação, assumindo uma condição de estado estacionário.

ii)   Percentagem de radiação aumenta a troca entre a radiação e a transferência de calor por convecção.

Solução

i)   Transferência de calor do chip, devido à troca líquida de radiação com o meio envolvente,

$$q_{rad} = \epsilon A \sigma \left(T_{chip}^4 - T_{surface}^4\right) = (0.8)(0.005)^2(5.67 * 10^{-8})(300^4 - 200^4)$$
$$= 0.07371 \, W.$$

ii)   O respetivo aumento percentual (PI) na potência do chip torna-se:

$$PI(\%) = \frac{q_{radiation}}{q_{convection}} = \frac{0.007371}{0.4} * 100 = 42 \, \%.$$

17) A superfície de uma embalagem eletrónica e a potência dissipada pela eletrónica de 1 kW são ilustradas na figura abaixo. A emissividade da superfície é $\varepsilon = 0,9$ com o coeficiente de absorção da radiação solar $\alpha = 0,3$ para uma superfície de $A =$

$0.8 \, m^2$ incluindo um calor de superfície adicionado de $q_s = 750\frac{W}{m^2}$. Calcular a temperatura da superfície com e sem a radiação solar incidente.

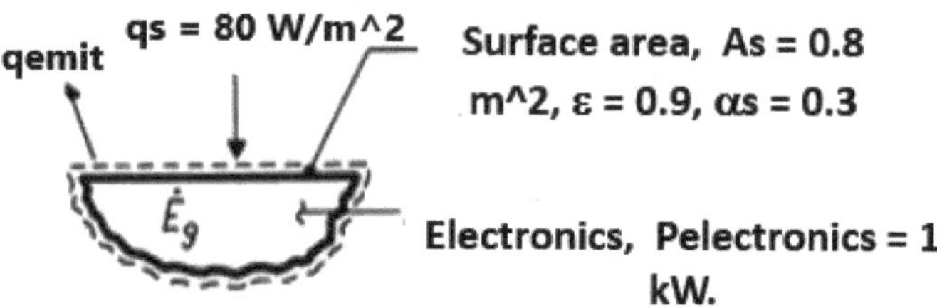

Figura 9: Área de superfície de uma embalagem eletrónica.

Solução

A conservação da energia da superfície de controlo dá:

$$E_{in} - E_{out} + E_g = 0 \qquad (1), \text{ enquanto}$$

que:

$$E_{in} = a_s A_s q_s,$$
$$E_{out} = A_s \varepsilon a_s T_s^4$$
$$E_g = P = 1 \, kW.$$

Assim, substituindo em (1) estes termos, obtemos

$$a_s A_s q_s - A_s \varepsilon a_s T_s^4 + 1 = 0, \quad T_s^4 = (a_s A_s q_s + P)/ A_s \varepsilon a_s ,$$

$$T_s = \left(\frac{(a_s A_s q_s + P)}{(A_s \varepsilon a_s)}\right)^{0.25} = \left(\frac{100,000,000,000}{5.103}\right)^{0.25} = 374.148 \, K.$$

18) O Sol tem um diâmetro de $1.39 * 10^6 \, km$, enquanto que a Terra tem um diâmetro de 12,742 km a uma distância de $1.496 * 10^8 \, km$ do centro do Sol. Considere-se que a Terra é tratada como um plano plano normal ao raio da Terra do Sol.
Calcular o:

i)   Fator de visão (forma) do sol para a terra $F_{sun-earth}$.

ii)   O valor da temperatura do corpo negro do Sol T_{sun}, para uma radiação solar medida de $1350\ \frac{W}{m^2}$.

Solução

i)   De acordo com os dados para um disco circular de diâmetro da Terra de $D_e = 12{,}742\ km$, num raio de $R = 1.496 * 10^8\ km$, o fator de visão desconhecido torna-se:

$$F_{sun-earth} = \frac{\frac{\pi D_e^2}{4}}{4\pi R^2} = \frac{De^2}{16} = \frac{(12742)^2}{(16)(1.496*10^8)^2} = 4.5 * 10^{-10}.$$

ii)   A irradiação solar normal ao eixo sol-terra é $q_{irradiation} = 1350\ \frac{W}{m^2}$. Assim, assumindo o Sol como um corpo negro ($\varepsilon = 1$) de diâmetro D_e, a respectiva transferência de calor do Sol para o disco terrestre é

$$Q_{sun\ to\ earth} = \pi R_s^2 F_{sun-earth}\sigma T_{sun}^4 = \frac{q_{irradiation}\pi D_e^2}{4}$$ e reorganizando em relação à temperatura do sol, obtém-se

$$T_{sun} = \left(\frac{\frac{q_{irradiation}\pi D_e^2}{4}}{\pi R_s^2 F_{sun-earth}\sigma}\right)^{0.25}$$

$$= \frac{(1350)(12742)^2}{4(1.496*10^8)^2(5.67*10^{-8})(4.5*10^{-10})} = 615.54\ K.$$

19) Um corpo negro com uma área total de $0{,}5\ m^2$ está completamente fechado num espaço delimitado por uma parede de 2 cm de espessura com uma área de superfície de $0{,}9\ m^2$ e uma condutividade térmica de $1{,}08\ \frac{W}{m\,°C}$. Assumindo que a superfície interior da parede é mantida a $200°$ C e que a superfície exterior da parede é mantida a $25°$ C, calcule a temperatura do corpo negro. Desprezando a diferença entre a área da superfície interna e externa do material do envelope.

Solução

A transferência de calor irradiado pelo corpo negro para as paredes espessas torna-se:

$$Q_{rad} = \sigma A(T_b^4 - T_w^4) = (0.5)(5.67 * 10^{-8})(T_b^4 - 473^4) \qquad (1).$$

A respectiva transferência de calor conduzida através da parede torna-se:

$$Q = \frac{kA\Delta\theta}{\delta} = \frac{(1.07)(0.9)(200-25)}{0.02} = 8462.25 \ W.$$

No estado estacionário, o calor conduzido é equilibrado pela transferência de calor irradiado, portanto:

$$8462.25 = (0.5)(5.67 * 10^{-8})(T_b^4 - 473^4), \ T_b^4 = \frac{8462.2}{(5.67 * 10^{-8})(0.5)} + 473^4,$$

$$T_b = 588.52 \ K.$$

20) O fator de visão (forma) da radiação de uma superfície circular de um cilindro oco com 10 cm de diâmetro e 15 cm de comprimento, como mostra a figura abaixo, é $F_{12} = 0.18$. Calcular o fator de visão da superfície curva do cilindro em relação à sua própria F_{33}.

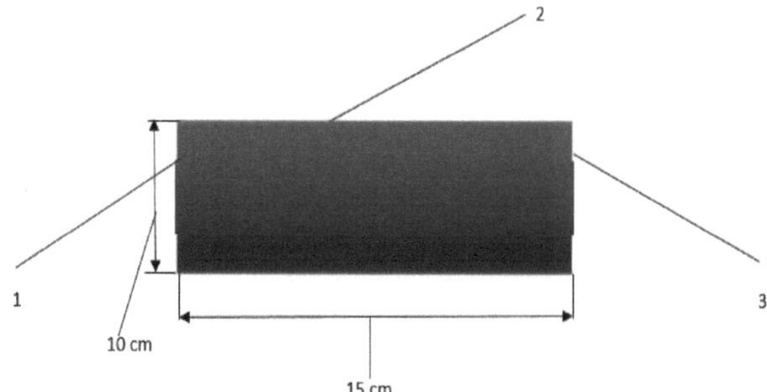

Figura 10: Superfície circular de uma esfera oca.

Solução

Da fórmula de reciprocidade:

$$F_{12} A_1 = F_{21} A_2, \qquad F_{21} = F_{12} = 0.18.$$

Aplicação da fórmula do somatório:

$$F_{11} + F_{12} + F_{13} = 1 \tag{1},$$

$$F_{31} + F_{32} + F_{33} = 1 \tag{2}.$$

Assumindo a simetria, tem lugar a seguinte equivalência:

$$F_{31} = F_{32}, F_{11} = F_{22} = 0.$$

Assim, a partir da equação (2), passa a ser:

$$F_{33} = 1 - F_{31} - F_{32} = 1 - 2(F_{31}) \tag{3}$$

A aplicação da fórmula de reciprocidade entre (1-3) dá:

$$F_{13} A_1 = F_{31} A_3, \; F_{31} = \frac{A_1}{A_{3,}} F_{13} = \frac{\frac{\pi}{4}D^2}{\pi DL}, \; F_{31} = \frac{D}{4L} F_{13}. \tag{4}$$

Assim, a partir do respetivo somatório (equação 1), $F_{13} = 1 - F_{12} = 1 - 0.18 = 0.82$.

Por conseguinte, a partir de (4), $F_{31} = 0.82 \frac{4L}{D} = 0.82 \frac{10}{4*15} = 0.1367$.

A incógnita final F_{33} torna-se:

$$F_{33} = 1 - F_{31} = 1 - 2(0.1367) = 0.7266.$$

Capítulo 4 Problemas nos permutadores de calor

1) Uma água é aquecida por um recipiente de agitação com cabeça de camisa equipado com um agitador de turbina com as seguintes caraterísticas distintas mostradas na Figura 1. Calcule o caudal mássico da água. Tomar os seguintes valores dos parâmetros termodinâmicos:

$T = 60° C$, $k = 0,65\ \frac{W}{m^2\ °C}$, $\rho = 986\ \frac{kg}{m^3}$, $\mu = 0.515 * 10^{-5}\frac{kgm}{sec}$, $Pr = 3.32$, $C_p = 4179\frac{kJ}{kg\ °C}$.

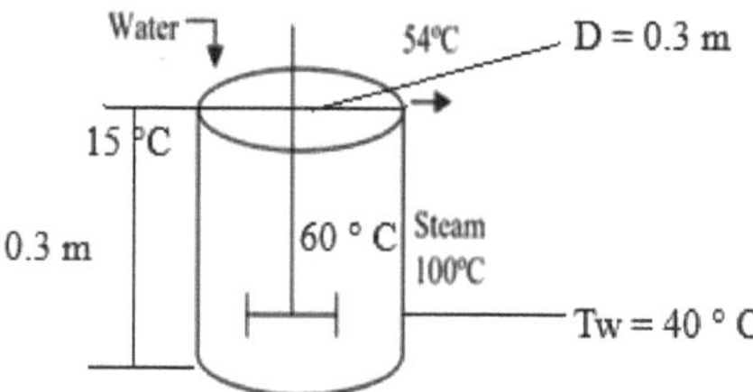

Figura 1: Cuba de agitação da cabeça da camisa num gerador de turbina.

Solução

Número de Reynolds

$$Re = \frac{(n)(D_o^2)(\rho)}{\mu} = \frac{\frac{60}{60}(0.3^2)(986)}{0.515*10^{-5}} = 172310.67. \quad \text{(Fluxo turbulento)}$$

Número de Nusselt

$$Nu = 0.76(Re)^{\frac{2}{3}}(Pr)^{0.333} = 0.76(172310.67)^{\frac{2}{3}}(3.32)^{0.333} = 3237.86.$$

Coeficiente de transferência de calor à entrada

Por definição: $h_i = \frac{k}{D}Nu = \left(\frac{0.65}{0.3}\right)(3237.86) = 7015.3\frac{W}{m^2\,°C}.$

Coeficiente de transferência de calor no lado exterior

$$h_o = (13,100)(T_g - T_w)^{-0.25} = (13,100)(100 - 40)^{-0.25} = 4707.15\frac{W}{m^2\,°C}.$$

Coeficiente global de transferência de calor

$$U = \frac{1}{\frac{1}{h_i}+\frac{1}{h_o}} = \frac{1}{\frac{1}{7014.3}+\frac{1}{4707.15}} = 2817.69\ \frac{W}{m^2\,°C}.$$

<u>**Balanço energético a calcular m_w**</u>

$$(m_w)(C_p)(T_{out} - T_{in})_{water} = (U)(A)(\Delta T), \quad m_w = \frac{(U)(A)(\Delta T)}{(C_p)(T_{out}- T_{in})_{water}} =$$

$$\frac{(2817.69)(\pi)(0.3)^2(100-20)}{(45)(4179)} = 610 \frac{kg}{hr}.$$

2) Um refrigerante -134-a é arrefecido por água a uma taxa de massa de 0,8 kg / s num permutador de calor de tubo duplo, como se mostra na Figura 2. Assumir as seguintes propriedades da água a 150° C : $\rho = 227\frac{kg}{m^3}, v = 1.001 * 10^{-6}\ m^2s,\ k = 0.525\frac{W}{m^2\,°C}, \mathrm{Pr} = 7.$ Assuma também $D_i = 0.015\ m, D_o = 0.03\ m,$ and $h_i = 3000\frac{W}{m^2°C}.$

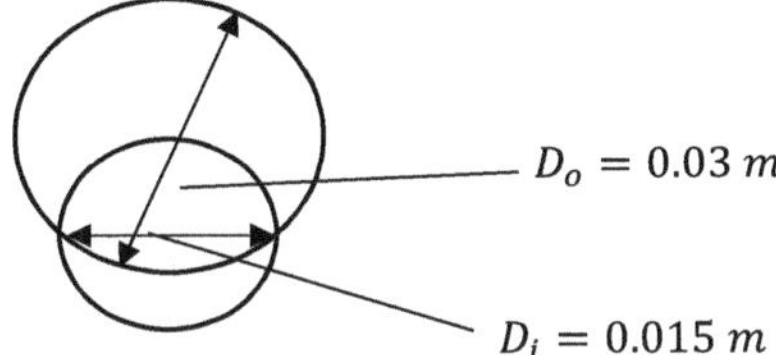

Figura 2: Permutador de calor de tubo duplo.

Solução

<u>**Diâmetro hidráulico**</u>

$D_h = D_o - D_i = 0.03 - 0.015 = 0,015\ m.$

<u>**Equação da continuidade**</u>

$$\mathrm{m} = (\rho)(A)(v_{average}), \quad v_{average} = \frac{m}{(\rho)(A)} = \frac{0.8}{\frac{(227)\pi(0.03^2-0.015^2)}{4}} = 0.379\frac{m}{sec}.$$

<u>**Número de Reynolds**</u>

$$Re = \frac{(v_{average})(D_h)}{v} = \frac{(0.379)(0.015)}{100*10^{-6}} = 5679.3.\ \text{(Fluxo turbulento).}$$

<u>**Fluxo totalmente desenvolvido**</u>

$$\mathrm{Nu} = (0.023)(Re)^{0.8}\ (Pr)^{0.4} = (0.023)(5679.3)^{0.8}(7)^{0.4} = 50.492.$$

<u>**Coeficiente de transferência de calor da superfície exterior**</u>

$$h_o = \frac{(k)(Nu)}{D_h} = \frac{(0.595)(50.492)}{0.015} = 2002.83\frac{W}{m^2\,°C}.$$

<u>**Coeficiente global de transferência de calor**</u>

$$\mathrm{U} = \frac{1}{\frac{1}{h_i}+\frac{1}{h_o}} = \frac{1}{\frac{1}{2002.83}+\frac{1}{3000}} = 121.12\frac{W}{m^2\,°C}.$$

3) O etilenoglicol é aquecido num tubo, enquanto o fluxo se condensa na superfície exterior com as caraterísticas distintas, mostradas na Figura 3. Considere as seguintes propriedades do etilenoglicol $\rho = 1150\frac{kg}{m^3}$, $C_p = 2430\frac{J}{kg\ °C}$, $k = 0.26\frac{W}{m^2\ °C}$, $\mu = 0.016\frac{kg}{ms}$, $Pr = 150$, $h_o = 3000\frac{W}{m^2\ °C}$.

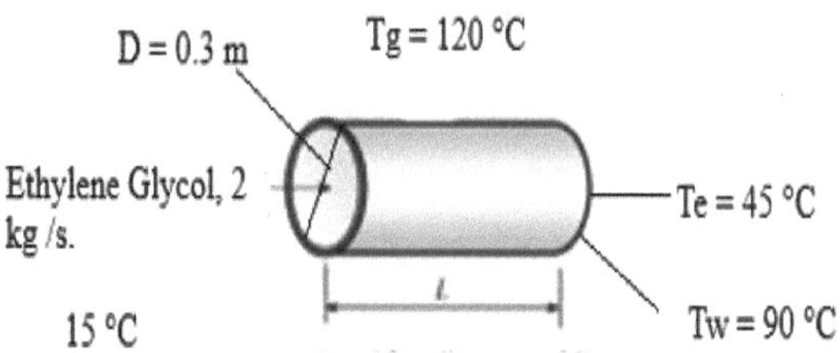

Figura 3: Etilenoglicol aquecido num tubo.

Solução

Taxa de transferência de calor

$Q = mC_p(T_e - T_i) = (2)(2430)(45 - 15) = 145{,}800\ W.$

Aplicação da continuidade para a velocidade final

$$m = \rho v_{mean} A, \qquad v_{mean} = \frac{m}{\rho A} = \frac{2}{(1150)\pi(\frac{0.3^2}{4}} = 0.188\frac{m}{sec}.$$

Número de Reynolds

$$Re = \frac{\rho v_{mean} D}{\mu} = \frac{(1150)(0.188)(0.3)}{0.016} = 4053.75.$$

Número de Nusselt

$$Nu = (0.023)(Re)^{0.8}(Pr)^{0.4} = (0.023)(4053.75)^{0.8}(7)^{0.4} = 38.552.$$

Coeficiente interno de transferência de calor

$$h_i = \frac{k}{D}Nu = \left(\frac{0.26}{0.3}\right)(38.552) = 33.386\frac{W}{m^2\ °C}.$$

Coeficiente global de transferência de calor

$$U_o = \frac{1}{\frac{1}{h_i} + \frac{1}{h_o}} = \frac{1}{\frac{1}{33.836} + \frac{1}{3000}} = 33.52\frac{W}{m^2\ °C}.$$

Taxa de transferência de calor

$Q = AU_o\Delta\theta_{logarithmic}$ (1),

Considerando que: $\Delta\theta_{logarithmic} = \dfrac{(T_g-T_e)-(T_g-T_i)}{\ln\left|\frac{T_g-T_e}{T_g-T_i}\right|} = \dfrac{(120-45)-(120-15)}{\ln\left|\frac{120-45}{120-15}\right|} = 89.287\,^{\circ}C.$

Substituindo em (1) os dados. o respetivo comprimento desconhecido L torna-se:

$145{,}800 = 33.52\pi(0.3)(L)(89.287), \qquad L = \dfrac{145{,}800}{33.52(\pi)(0.3)(89.287)} = 15.507\ m.$

4) Uma corrente de hidrocarbonetos (HC) é arrefecida pela água num permutador de calor de contrafluxo com as caraterísticas distintas mostradas na Figura 4. Tomar os seguintes valores termodinâmicos como: $C_{pwater} = 4180\,\dfrac{J}{kg\,^{\circ}C}$, $C_{p(hydrocarbon)} = 2180\,\dfrac{J}{kg\,^{\circ}C}$ bem como d = 0,03 m e L = 5 m.

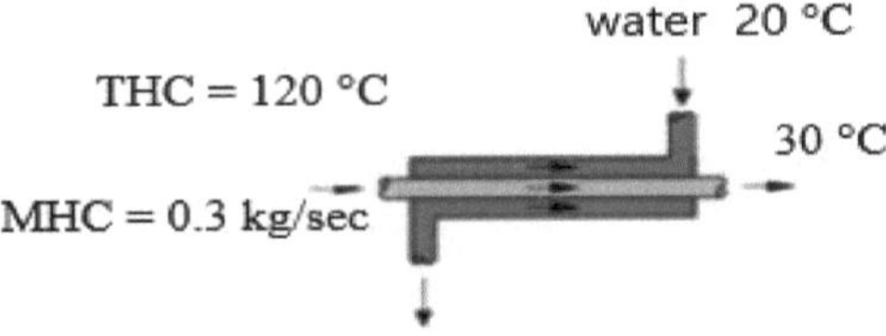

Figura 4: Permutador de calor de contra-corrente.

Calcular o coeficiente global de transferência de calor.

Solução

Taxa de transferência de calor

$Q = (MHC)(C_p)(T_{out} - T_{in}) = (0.3)(2100)(120 - 30) = 56700\ W.$

Temperatura da água de saída

$Q = (MHC)(C_p)(T_{out} - T_{in})_{water}$, $T_{out} = \dfrac{Q}{(MHC)(C_p)} + T_{in} = \dfrac{56700}{(0.3)(4180)} + 20 = 65.21\ ^{\circ}C.$

Diferença de temperatura média logarítmica

$\Delta T_{\ln} = \dfrac{(T_{hi}-T_{out})-(T_{hout}-T_{water})}{\ln\left|\frac{(T_{hi}-T_{out})}{(T_{hout}-T_{water})}\right|} = \dfrac{(120-65.21)-(40-20)}{\ln\left|\frac{(120-65.21)}{(40-20)}\right|} = 34.548\,^{\circ}C.$

<u>**Coeficiente global de transferência de calor**</u>

$$U = \frac{Q}{A\Delta T_{ln}} = \frac{56700}{\pi\,(0.3)(5)(34.548)} = 348.34\,\frac{W}{m^2\,{}^\circ C}.$$

5) A água fria é aquecida pela água quente num permutador de calor de contracorrente de tubo duplo com a termodinâmica distinta ilustrada na Figura 5. Consideram-se os seguintes valores de calor específico da água fria e da água quente $C_{p\,cold\,water} = 4180\,\frac{J}{kg\,{}^\circ C}$, e $C_{p\,hot\,water} = 4185\,\frac{J}{kg\,{}^\circ C}$. Calcule a taxa de transferência de calor e a área do permutador de calor se o coeficiente global de transferência de calor for $U = 760\,\frac{W}{m^2\,{}^\circ C}$.

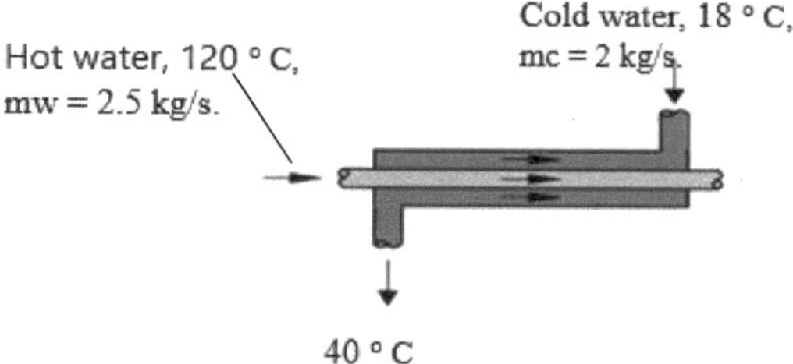

<u>**Figura 5: Permutador de calor de contracorrente de tubo duplo**</u>.

Solução

<u>**Transferência da taxa de calor no permutador de calor**</u>

$$Q = ((mc)(C_{pcold\,water})(T_{out} - T_{in})) = (2)(4180)(40 - 18) = 183920\,W.$$

<u>**Temperatura de saída da água quente**</u>

$$Q = \left((mw)(C_{p\,hot\,water})(T_{inhotwater} - T_{outhotwater})\right), T_{outhot\,water} = T_{in} - \frac{Q}{(mw)(C_{p\,hot\,water})} = 120 - \frac{183920}{(2.5)(4190)} = 102.42\,{}^\circ C.$$

<u>**Diferença de temperatura média logarítmica**</u>

$$\Delta T_{ln} = \frac{\left(T_{inhotwater} - T_{out,cold\,water}\right) - \left(T_{houtcoldwater} - T_{in\,cold\,water}\right)}{\ln\left|\frac{(T_{hi} - T_{out})}{(T_{hout} - T_{water})}\right|}$$

$$= \frac{(120 - 40) - (102.42 - 18)}{\ln\left|\frac{120 - 40}{102.48 - 18}\right|} = 82.309\,{}^\circ C.$$

Área de superfície do permutador de calor

$$Q = (U)(A)(\Delta T_{\ln}), \quad A = \frac{Q}{(U)(\Delta T_{\ln})} = \frac{183920}{(760)(82.302)} = 2.94 \, m^2.$$

6) A glicerina é aquecida por água quente num permutador de calor de 1 passagem de casco e 12 passagens de tubo com os atributos termodinâmicos distintos, tal como ilustrado na Figura 6. Tomar os seguintes valores das capacidades térmicas da glicerina e da água como: $C_{pglycerin} = 2480 \frac{J}{kg \, ^\circ C}$, $C_{pwater} = 4180 \frac{J}{kg^\circ C}$ bem como as respectivas dimensões do permutador de calor como D = 0,03 m e L = 3 m. Calcule o caudal mássico da água, considerando o caudal mássico da glicerina como $m_{glycerin} = 0.9 \frac{kg}{s}$.

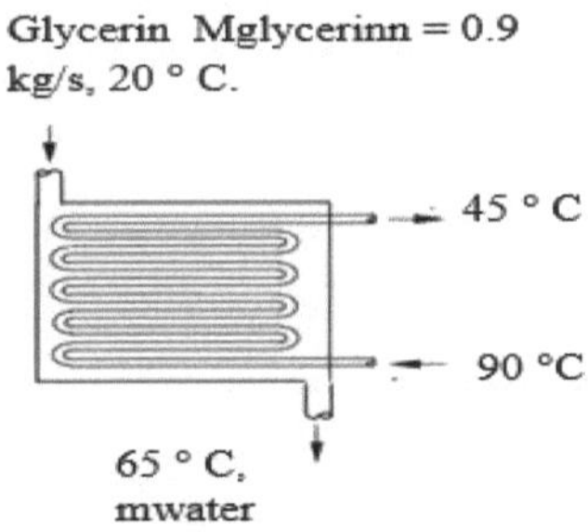

Figura 6: Permutador de calor de 1 passagem de casco com 12 passagens de tubos (HE).

Solução

Taxa de transferência de calor da glicerina

$$Q = (m_{glycerin})(C_{pglycerin})(T_{outglycerin} - T_{inglycerin}) = (0.9)(2480)(65 - 20) = 100{,}400 \, W.$$

Caudal mássico da água

$$Q = (m_{water})(C_{pwater})(T_{outwater} - T_{inwater}),$$
$$m_{water} = \frac{Q}{(C_{pwater})(T_{outwater} - T_{inwater})} = \frac{100{,}400}{(4180)(90 - 45)}$$
$$= 0.481 \frac{kg}{s}.$$

Diferença média logarítmica de temperatura

$$\Delta T_{\ln} = \frac{\left(T_{h,in} - T_{c,out}\right) - \left(T_{h,out} - T_{c,in}\right)}{\ln\left|\dfrac{\left(T_{hi} - T_{c,out}\right)}{\left(T_{h,out} - T_{c,in}\right)}\right|} = \frac{(90-45)-(65-20)}{\ln\left|\dfrac{90-45}{65-20}\right|} = 47.483 \; ^{\circ}C.$$

Fator de correção f

$$P = \frac{t_2 - t_1}{T_1 - t_1} = \frac{45-90}{20-90} = 0.693.$$

$$R = \frac{T_1 - T_2}{t_2 - t_1} = \frac{20-45}{45-90} = 0.555.$$

Assim, o fator de correção f passa a ser f = 0,74 a partir da figura 6.1.

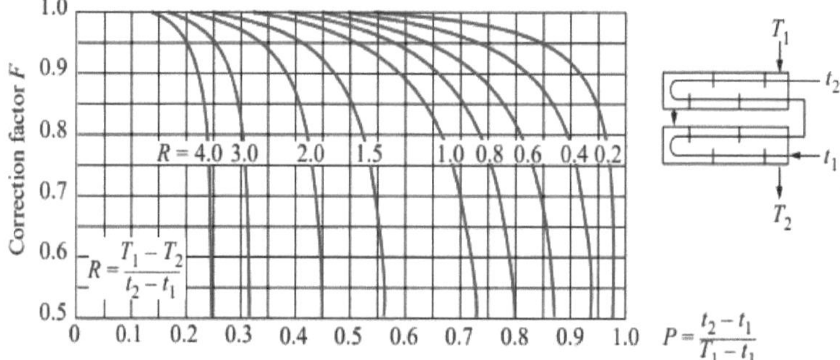

Figura 6.1: Valor do fator de correção para 4, 8 e 12 passagens de tubo (Cortesia de Cenkel 3rd edição com permissão).

Área de superfície de transferência de calor

$$A = (n)(\pi)(D)(L) = (12)(\pi)(0.03)(3) = 3.392 \; m^2.$$

Coeficiente global de transferência de calor

$$U = \frac{Q}{(A)(f)(\Delta T_{\ln})} = \frac{100{,}440}{(3.392)(0.74)(47.483)} = 842.416 \, \frac{W}{m^2 \, ^{\circ}C}.$$

7) A água quente proveniente de um motor de um automóvel é arrefecida pelo ar no radiador com as caraterísticas distintas, mostradas na Figura 7. Considere as respectivas capacidades caloríficas da água e do ar como $C_{pwater} = 4180 \frac{J}{kg\,°C}$, $C_{pair} = 1000 \frac{J}{kg\,°C}$, e considere uma eficiência $\varepsilon = 0.5$. Calcule a temperatura de saída do ar e o valor global da transferência de calor.

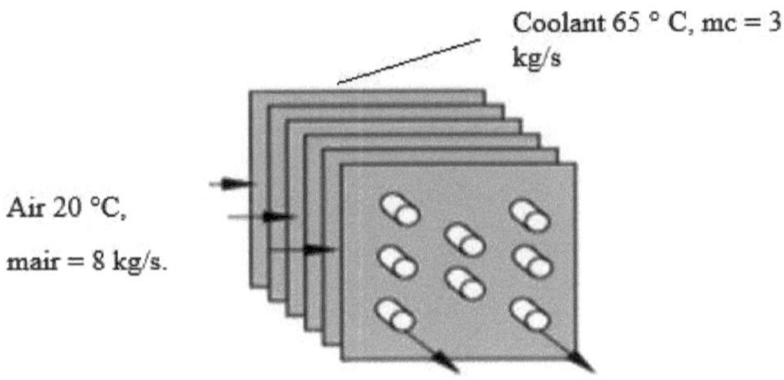

Figura 7: Radiador de um motor de um automóvel.

Solução

Taxas de capacidade térmica das correntes quente e fria

$$C_{hot} = (m_{hot})(C_{phot}) = (3)(4180) = 12540 \frac{W}{m°C}.$$

$$C_{cold} = (m_{cold})(C_{pcold}) = (8)(1000) = 8000 \frac{W}{m°C}$$

Assim, $C_{min} = C_{air} = 8000 \frac{W}{m\,°C}$.

Temperatura do ar de saída

$$\varepsilon = \frac{Q}{Q_{max}} = \frac{C_c\,(T_{air\,outlet} - T_{air\,inlet})}{C_c\,(T_{hinlet} - T_{h.outlet})}, \quad 0.5 = \frac{T_{outlet} - 20}{(65 - 20)}, \quad T_{outlet} - 20 = (0.5)(45),$$
$$T_{outlet} = 42.5\,°C.$$

Taxa global de transferência de calor

$$Q = C_{min}(T_{airout} - T_{cair}) = (8000)(42.5 - 20) = 180,000\,W.$$

8) Um permutador de calor de contrafluxo de tubo duplo aquece a água de 15° C para 90° C a uma taxa de 1,1 kg/s. O aquecimento é conseguido através de um gás quente de água a 120° C e um caudal mássico de 2,5 kg/s, como se mostra na Figura 8. O tubo interior tem paredes finas com um diâmetro de 20 cm. Considerando que o coeficiente global de transferência de calor é de $500 \frac{W}{m^{2\circ} C}$, calcular o comprimento do permutador de calor. Tomar os calores específicos da água e do fluido geotérmico como: $C_{pwater} = 4180 \frac{J}{kg\,^\circ C}$, $C_{pgeothemral\ fluid} = 4310 \frac{J}{kg\,^\circ C}$ e D = 0,02 m.

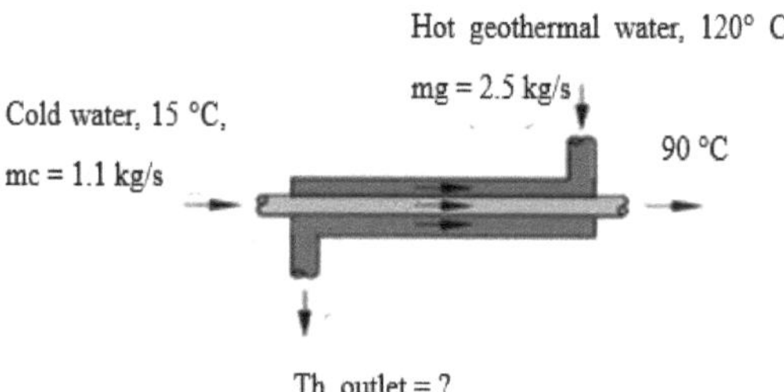

Figura 8: Permutador de calor de tubo duplo.

Solução

Taxa de calor do permutador de calor

$$Q = (mc)(C_{pwater})(T_{out} - T_{in}) = (1.1)(4180)(90 - 15) = 344,850\ W.$$

Temperatura de saída do fluido geotérmico

$$Q = (mgeothermal)(C_{pgeothermal})(T_{ingeothermal} - T_{outgeothermal}),$$

$$T_{outgeothermal} = T_{ingeothermal} - \frac{Q}{(mgeothermal)(C_{pgeothermal})} = 120 - \frac{344,850}{(2.5)(4310)} = 88\,^\circ C.$$

Temperatura média logarítmica

$$\Delta T_{ln} = \frac{(T_{h,in} - T_{c,out}) - (T_{h,out} - T_{c,in})}{\ln\left|\frac{(T_{hi} - T_{c,out})}{(T_{h,out} - T_{c,in})}\right|} = \frac{(120-90)-(88-15)}{\ln\left|\frac{120-90}{88-25}\right|} = 88.296\ ^\circ C.$$

<u>**Comprimento do permutador de calor**</u>

$$A_s = \frac{Q}{(U)(\Delta T_{\ln})} = \frac{344{,}850}{(500)(88.296)} = 7.81\ m^2.$$

$$A_s = (\pi)(D)(L),\ \ L = \frac{A_s}{(\pi)(D)} = \frac{7.81}{(\pi)(0.02)} = 124.36\ m.$$

9) O isobuteno é condensado por arrefecimento do ar num condensador de uma central eléctrica com a seguinte termodinâmica, mostrada na Figura 9. Considere as seguintes propriedades do calor do processo de vaporização do isobuteno a 80° C como: $h_{fg} = 258.1\frac{Kj}{Kg}$, $C_{p\ air} = 1004\frac{J}{kg°C}$.

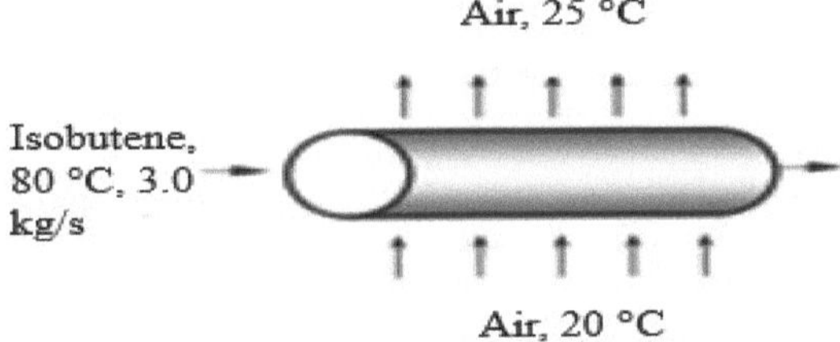

<u>**Figura 9: Condensador de isobuteno de uma central eléctrica.**</u>

Solução

<u>**Taxa de transferência de calor**</u>

$$Q = (m)\left(h_{fg}\right) = (3)(258.1) = 774.3\ kW.$$

<u>**Massa de ar**</u>

$$Q = m_{air}\left(C_{pair}\right)(T_{out} - T_{in}),\ \ m_{air} = \frac{Q}{\left(C_{pair}\right)(T_{out} - T_{in})} = \frac{774.3}{(1005)(25-20)} = 154.09\frac{kg}{s}.$$

<u>**Diferença de temperatura média logarítmica**</u>

$$\Delta T_{\ln} = \frac{(T_{h,in} - T_{c,out}) - (T_{h,out} - T_{c,in})}{\ln\left|\frac{(T_{hi} - T_{c,out})}{(T_{h,out} - T_{c,in})}\right|} = \frac{(80-25)-(80-20)}{\ln\left|\frac{80-25}{80-20}\right|} = 57.471\ °C.$$

<u>**Coeficiente global de transferência de calor**</u>

$$Q = (U)(A)(\Delta T_{\ln}),\ \ U = \frac{Q}{(A)(\Delta T_{\ln})} = \frac{774300}{(20)(57.471)} = 673.644\frac{W}{m^2°C}.$$

10) Num permutador de calor de fluxo paralelo, dois produtos químicos com as seguintes propriedades $C_{ph} = 1500\frac{J}{kg\,°C}$ °a um caudal mássico de 10 kg/s e $C_c = 4200\frac{J}{kg\,°C}$, 150 °C, a um caudal mássico de 2,5 kg/s. Considere-se que a superfície total do permutador de calor é de 25 m² e o respetivo coeficiente global de transferência de calor 1200 $\frac{W}{m^2\,°C}$. Calcule as temperaturas de saída das correntes quente e fria.

Solução

Capacidades térmicas de ambos os fluxos

$$C_h = (m_h)(C_{ph}) = (10)(1500) = 15{,}000\frac{W}{m^2\,°C}.$$

$$C_c = (m_c)(C_{pc}) = (25)(4200) = 150{,}000\frac{W}{m^2\,°C}.$$

Assim, o rácio respetivo passa a ser $c = \frac{C_{ph}}{C_{pc}} = \frac{15{,}000}{150{,}000} = 0.143$.

$$NTU = \frac{UA}{C_{min}} = \frac{(1200)(25)}{15000} = 0.2.$$

Assim, a partir da figura 10, para NTU = 0,2 e para $c_{min} = 0.143$ o desempenho do permutador de calor ε = 0,24.

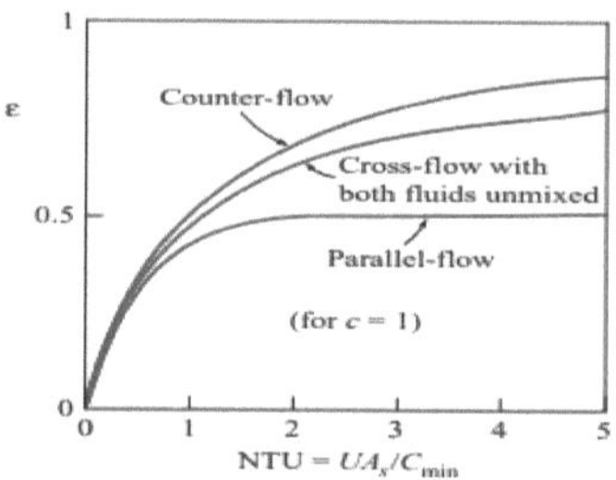

Figura 10: Eficácia do permutador de calor de fluxo paralelo, (Cortesia de Cengel 3rd edição com permissão).

Definição da eficácia do permutador de calor

$$\varepsilon = \frac{Actual\ heat\ transfer}{max\ possible\ heat\ transfer} = \frac{(m_h)(C_{ph})(T_{hin}-T_{hout})}{C_{min}(T_{hin}-T_{cout})},$$ pelo que a respectiva fórmula assume a forma:

$$\varepsilon = \frac{(T_{hin}-T_{hout})}{(T_{hin}-T_{cout})}, \quad 0.24 = \frac{400-T_{h2}}{400-150}, \quad 400 - T_{h2} = (250)(0.24), \quad T_{h2} = 340\,°C.$$

<u>**Balanço energético para estimar T_{c2}**</u>

Calor provocado por um produto quente = Calor provocado por um produto frio,

$$(m_h)(C_{ph})(T_{h1} - T_{h2}) = (m_c)(C_{pc})(T_{c2} - T_{c1}),$$
$$15(400 - 340) = 105(T_{c2} - 150),$$
$$\frac{900}{105} = T_{c2} - 150, T_{c2} = 158.75 \ ^{\circ}C.$$

11) A água do lago condensa vapor com uma capacidade de 250 kg/s e no permutador de calor com o

de acordo com as caraterísticas distintivas apresentadas na Figura 11. Tomar k = $0.5\frac{W}{m^{\circ}C}$, Pr = 5, Re = 5800. A respectiva entalpia de vaporização a 55° C é $h_{evaporation} = 2355\frac{J}{kg}$, Considere também um diâmetro de permutador de calor D = 0,03 m, um coeficiente global de transferência de calor $U = 8000\frac{W}{m^2 \, ^{\circ}C}$ e um coeficiente de transferência de calor por convecção à entrada $h_i = 850\frac{W}{m^2 \, ^{\circ}C}$ para uma capacidade térmica da água fria de $C_{pc} = 4.18\frac{kJ}{kg \, ^{\circ}C}$. Calcule a taxa de transferência de calor, a temperatura de saída da água T_{cout}, o número de Nusselt, os coeficientes de transferência de calor h.

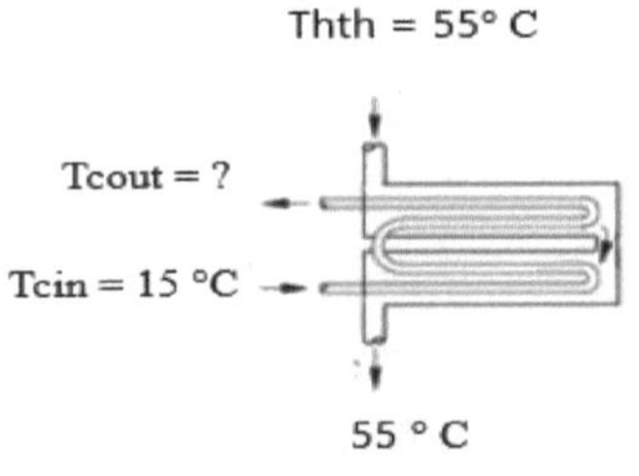

<u>**Figura 11: Condensação de vapor de água de um lago num permutador de calor.**</u>

<u>**Solução**</u>

<u>**Taxa de transferência de calor**</u>

$$Q = (m)(h_{evaporation}) = (2)(2355) = 4710 \ W.$$

<u>**Temperatura de saída da água**</u>

$$Q = (m_c)(C_{pc})(T_{cout} - T_{cin}), T_{cout} = \frac{Q}{(m_c)(C_{pc})} + T_{cin} = \frac{4710}{(250)(4.18)} + 15$$
$$= 19.5\,^\circ C.$$

Número de Nusselt

Considerando que o escoamento é turbulento, o respetivo número de Nusselt é:

$$Nu = (0.023)(Re)^{0.8}(\mathrm{Pr})^{0.4} = (0.023)(5000)^{0.8}(5)^{0.4} = 39.842.$$

Coeficiente de transferência de calor

$$h = \frac{(k)(Nu)}{D} = \frac{(0.5)(39.842)}{0.03} = 737.814\,\frac{W}{m^2\,{}^\circ C}.$$

12) O etanol é vaporizado por um óleo quente num permutador de calor de tubo duplo e fluxo paralelo com

as caraterísticas distintas, ilustradas na Figura 12. Tomar os seguintes valores de

as propriedades termodinâmicas como: $C_{poil} = 2.2\,\frac{kJ}{kg\,{}^\circ C}$, $C_{pethanol} = 2.05\,\frac{kJ}{kg\,{}^\circ C}$, e o

entalpia de vaporização do etanol a 70° C, $h_{ethanol} = 843.5\,\frac{Kj}{kg\,{}^\circ C}$. Considere também

que a área do permutador de calor é A $= 2\,m^2$. Calcule o caudal mássico do óleo

utilizando o método LMTD e NTU e a eficiência utilizando o método NTU.

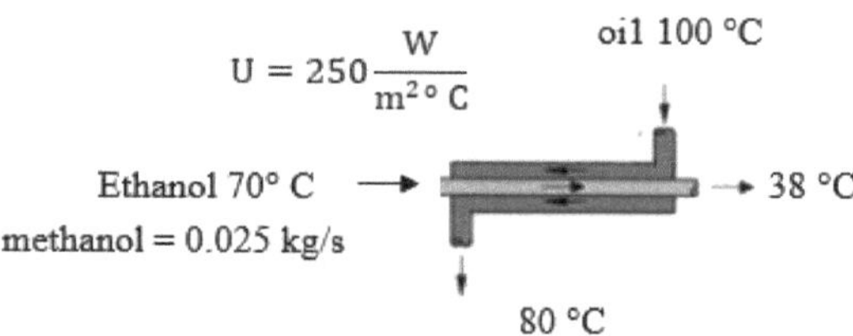

Figura 13: Evaporação do etanol por um óleo quente num tubo duplo, fluxo paralelo
permutador de calor.

Solução

Taxa de transferência de calor

$$Q = (m)(h_{fg}) = (0.025)(843.5\ ) = 21.0875\ kW.$$

Temperatura média logarítmica

$$Q = (U)(A)\Delta Tm \,,\quad \Delta Tm = \frac{Q}{(U)(A)} = \frac{21087.5}{(2)(250)} = 42.175\,^{\circ}C.$$

Caudal mássico do óleo

$$Q = (m_{oil})(C_{poil})(T_{h,in} - T_{h,out}),\, m = \frac{Q}{(C_{poil})(T_{h,in} - T_{h,out})} = \frac{21087.5}{(2200)(100-80)} =$$

$$0.479\,\frac{kg}{s}.$$

Método NTU

A respectiva taxa de capacidade térmica $C = \frac{m}{\rho}$ de um combustível que se condensa

num permutador de calor vai até ao infinito, pelo que $C = \frac{Cmin}{Cmax} = \frac{Cmin}{0} = \infty.$

Caudal mássico do etanol

$$Q = (m_{ethanol})(C_{pethanol})(T_{h,ethanol} - T_{hi}),\, m = \frac{Q}{(C_{pethanol})(T_{h,ethanol} - T_{h,in})} =$$

$$\frac{21087.5}{(2200)(70-38)} = 0.321\,\frac{kg}{s}.$$

Eficiência do permutador de calor de fluxo paralelo

$$\varepsilon = 1 - e^{-NTU}\,,\quad \text{onde NTU} = \frac{(U)(A_s)}{(m_{ethanol})(C_{pethanol})} = \frac{(250)(2)}{(0.321)(2050)} = 0.76.$$

Assim, após a substituição na fórmula de eficiência, obtém-se

$$\varepsilon = 1 - e^{-NTU} = 1 - e^{-0.76} = 0.532 = 53.2\,\%.$$

13) Um óleo quente é arrefecido por água num permutador de calor de 1 passagem e 8 passagens tubulares com as caraterísticas termodinâmicas distintas indicadas na Figura 13. Assume-se que os tubos e as paredes são feitos de cobre com um diâmetro interno de 2 cm. O comprimento de cada tubo de passagem do permutador de calor é de 3 m e o coeficiente global de transferência de calor $U = 220\,\frac{W}{m^{2\circ}C}$. Tomar os caudais mássicos da água e do óleo como $m_{water} = 0.15\,\frac{kg}{s}$, $m_{oil} = 0.35\,\frac{kg}{s}$ e as respetivas taxas de calor específico de ambos os meios como $C_{pwater} = 4180\,\frac{J}{kg\,^{\circ}C}$, $C_{poil} = 2130\,\frac{J}{kg\,^{\circ}C}$. Tomar também as temperaturas de entrada da água e do óleo como 15° C e 130° C. Calcular a taxa de transferência de calor no permutador de calor e a temperatura de saída de ambos os meios (água, óleo) aplicando o método NTU.

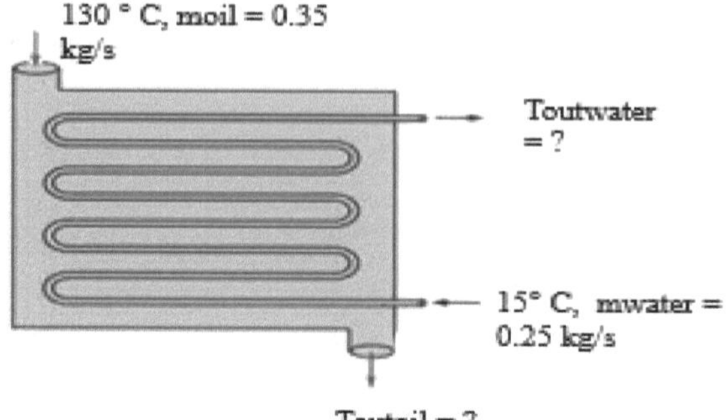

Figura 13: Permutador de calor de 1 concha e 8 passagens (Cortesia de Cenkel 3ʳᵈ edição com permissão).

Solução

Taxas de capacidade térmica de ambos os meios

$$C_h = (m_{oil})(C_{poil}) = (0.35)(2130) = 745.5 \frac{W}{m\,{}^\circ C}.$$

$$C_c = (m_{water})(C_{pwater}) = (0.25)(4180) = 1045 \frac{W}{m\,{}^\circ C}$$

Daí que $C_{min} = C_h = 745.5 \frac{W}{m\,{}^\circ C}$.

$$c = \frac{C_{min}}{C_{max}} = \frac{745.5}{104.5} = 0.713.$$

Taxa máxima de aquecimento

$$Q_{max} = (C_{min})(T_{h,in} - T_{h,out}) = (745.5)(130 - 15) = 85732.5\ W.$$

Método NTU

$$\text{NTU} = \frac{UA_s}{C_{min}} = \frac{(U)(\pi)(D)(L)^8}{C_{min}} = \frac{(220)(\pi)(0.02)(3)^8}{745.5} = 0.444.$$

Assim, a partir da figura 14, para c = 0,713 e para NTU = 0,444, o valor respetivo do eficiência de ε =0,35 é deduzida.

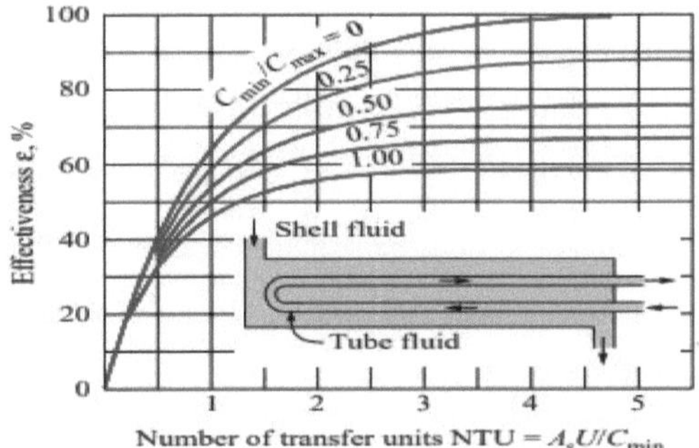

Figura 14: Permutador de calor de 1 manga e de 8 tubos (Cortesia de Cenkel 3rd edição com autorização).

Taxa real de transferência de calor

Q = (ε)(Q$_{max}$) = (85732.5)(0.35) = 30,006.35 W.

Temperatura de saída do fluido frio

$$Q_c = C_{pc}\left(T_{c,out} - T_{c,in}\right), \quad T_{c,out} = \frac{Q_c}{C_{pc}} + T_{c,in} = \frac{30006.35}{1045} + 25 = 53.714 \ ^{\circ}C.$$

Temperatura de saída no fluxo quente

$$Q_h = C_{pc}\left(T_{h,in} - T_{h,out}\right), \quad T_{h,out} = T_{h,in} - \frac{Q_h}{C_{pc}} = 130 - \frac{30006.35}{745.5} = 89.75\ ^{\circ}C.$$

14) Considere-se um permutador de calor de fluxo paralelo, em que o fluxo frio entra a 30 $°C$ e o fluxo quente entra a 140° C com as seguintes taxas de capacidade térmica, $C_c = 15,000 \frac{W}{m\ °C}$, $C_h = 8,000 \frac{W}{m\ °C}$. Considere-se que a área do permutador de calor A = 20 m^2 e o coeficiente global de transferência de calor U = 200 $\frac{W}{m^2\ °C}$. Calcular a taxa de transferência de calor, bem como as temperaturas de saída de ambos os caudais $T_{h,out}$ e $T_{c,out}$, utilizando o método NTU.

Solução

<u>**Método NTU**</u>

$$NTU = \frac{(U)(A)}{C_{min}} = \frac{(200)(20)}{8000} = 0.5.$$

$$c = \frac{C_{min}}{C_{max}} = \frac{8000}{15000} = 0.533.$$

<u>**Eficácia do permutador de calor**</u>

$$\varepsilon = \frac{1-e^{-(NTU)(1+\frac{C_{min}}{C_{max}})}}{1+(\frac{C_{min}}{C_{max}})} = \frac{1-e^{-(0.5)(1+0.533)}}{1+0.533} = 0.4648 = 46.48\ \%.$$

<u>**Taxa de transferência de calor**</u>

$$Q = (\varepsilon)(C_{min})(T_{h.in} - T_{c,in}) = (0.4648)(8000)(140 - 30) = 412,102\ W.$$

<u>**Temperatura de saída das correntes quente e fria**</u>

Do balanço energético: $Q = C_h(T_{h,in} - T_{h,out})$, $T_{h,out} = T_{h,in} - \frac{Q}{C_h} = 140 - \frac{412104}{8000} = 88.49\ °\ C.$

De forma idêntica, para a corrente fria, a temperatura de saída fria passa a ser

$$Q = C_c(T_{c,out} - T_{c,in}), \quad T_{c,out} = T_{h,in} + \frac{Q}{C_h} = 30 + \frac{412,104}{15,000} = 57.47\ °C.$$

15) A água fria é aquecida num permutador de calor de contrafluxo com os seguintes atributos distintos ilustrados na Figura 15. Tomar as capacidades térmicas respectivas da água fria e da água quente como $C_{pw} = 4180 \frac{J}{kg\,°C}$, e $C_{ph} = 4195 \frac{J}{kg\,°C}$. Calcule a área líquida de calor superficial e a taxa de transferência de calor.

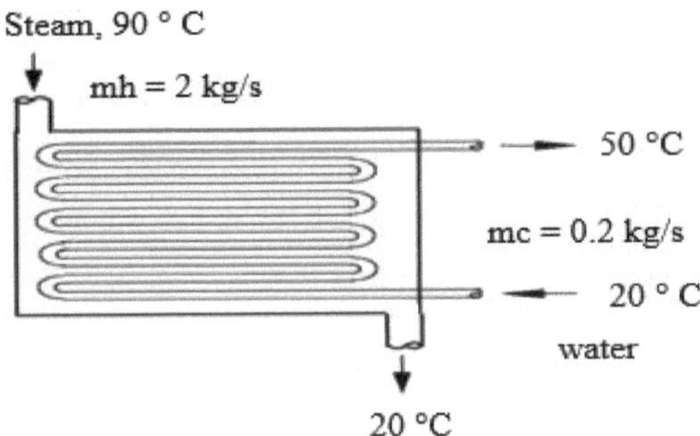

Figura 15: Permutador de calor de contra-corrente.

Solução

Capacidades térmicas de ambos os meios

$$C_h = (mh)(C_{ph}) = (2)(4195) = 8390 \frac{W}{m\,°C}.$$

$$C_c = (mc)(C_{pc}) = (0.2)(4180) = 836 \frac{W}{m\,°C}.$$

Assim, $c = \frac{C_{min}}{C_{max}} = \frac{836}{8390} = 0.0996.$

Taxa máxima de transferência de calor

$$Q_{max} = C_{min}\left(T_{h,in} - T_{h,out}\right) = (836)(90 - 20) = 58,520\,W.$$

Taxa de calor real

$$Q = C_h\left(T_{c,out} - T_{c,in}\right) = (836)(40 - 20) = 16,720\,W.$$

Eficiência do permutador de calor de contra-corrente

$$\varepsilon = \frac{Q}{Q_{max}} = \frac{16,720}{58,520} = 0.286 = 28.6\,\%.$$

Método NTU

Da tabela (2) do manual de Cenkel, com autorização, para o permutador de calor de contra-corrente:

$$\text{NTU} = \frac{1}{(c-1)}\ln\left|\frac{\varepsilon-1}{\varepsilon c-1}\right| = \frac{1}{(0.0996-1)}\ln\left|\frac{0.286-1}{((0.286)(0.2886)-1)}\right| = 0.277.$$

Área de superfície do permutador de calor de contra-corrente

$$\text{NTU} = \frac{(U)(A_s)}{C_{min}}, \quad A_s = \frac{(\text{NTU})(C_{min})}{U} = \frac{(0.277)(836)}{(800)} = 0.289\ m^2.$$

16) A glicerina é aquecida pelo etilenoglicol num permutador de calor (tubo duplo de fluxo paralelo) com os atributos distintos ilustrados na Figura 16. Considere as taxas cardíacas específicas da glicerina e do etilenoglicol como $2500\ \frac{j}{kg\ °C}, 2600\ \frac{j}{kg\ °C}$. Calcule a taxa de transferência de calor, bem como a temperatura de saída de ambos os fluxos.

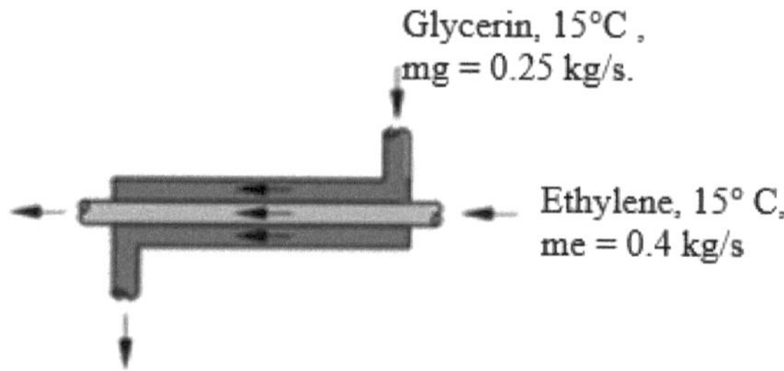

Figura 16: Glicerina aquecida por etilenoglicol num permutador de calor de fluxo paralelo de tubo duplo.

Solução

Capacidades caloríficas das correntes quente e fria

$$C_h = (m_h)(C_{ph}) = (0.25)(2500) = 625\ \frac{W}{m\ °C}.$$

$$C_c = (m_c)(C_{pc}) = (0.4)(2600) = 1040\ \frac{W}{m\ °C}.$$

$$C_{min} = C_h = 625\ \frac{W}{m\ °C}.$$

$$c = \frac{C_{min}}{C_{max}} = \frac{625}{1040} = 0.6.$$

<u>**Taxa máxima de transferência de calor**</u>

$$Q_{max} = (C_{min})\left(T_{h,in} - T_{h,out}\right) = (625)(50 - 15) = 2187.5\ W.$$

<u>**Método NTU**</u>

$$\text{NTU} = \frac{(U)(A_s)}{C_{min}} = \frac{(320)(5)}{(625)} = 2.56.$$

<u>**Eficiência do permutador de calor**</u>

Para c = 0,6 e NTU = 2,56, de acordo com o quadro 13.4 do manual de Cenkel (3rd edição) para a dupla

fluxo paralelo do tubo com permissão a respectiva eficiência torna-se:

$$\varepsilon = \frac{1 - e^{(-NTU(1+c))}}{1+c} = \frac{1 - e^{-(2.56)(1+0.6)}}{1+0.6} = 0.58.$$

<u>**Taxa real de transferência de calor**</u>

$$Q = (\varepsilon)(Q_{max}) = (0.58)(2187.5) = 12687.5\ W.$$

<u>**Temperatura de saída do frio e do meio frio**</u>

$$Q = (C_c)\left(T_{c.out} - T_{c,in}\right), T_{c,out} = \frac{Q}{C_c} + T_{c,in} = \frac{12687.5}{625} + 15 = 36.15\ °C.$$

De forma idêntica para o fluido quente, a respectiva temperatura de saída torna-se:

$$Q = (C_h)\left(T_{h.in} - T_{h,out}\right),\ T_{h,out} = -\frac{Q}{C_c} + T_{h,in} = -\frac{12687.7}{1400} + 50 = 40.944\ °C.$$

17) O vapor é condensado pela água de arrefecimento num permutador de calor de tubos em concha com as caraterísticas distintas ilustradas na Figura 17. Considere-se um coeficiente global de transferência de calor $U = 2000\ \frac{W}{m^2\,°C}$, uma área de superfície do permutador de calor de casco $A_s = 25\ m^2$, uma capacidade calorífica da água de $C_{pc} = 4180\ \frac{J}{kg\,°C}$, e a entalpia específica do vapor condensado como $h_{steam} = 2420\ \frac{kJ}{kg}$. Calcule a taxa de transferência de calor, bem como a taxa de massa do vapor condensado.

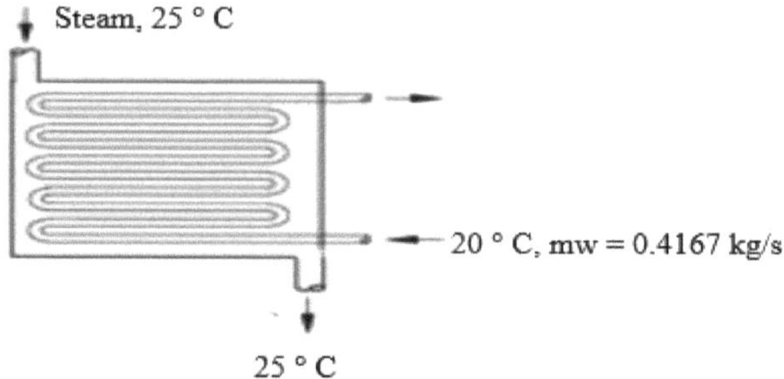

Figura 17: Permutador de calor de tubos de casca.

Solução

Considerando que a capacidade calorífica de um fluido que se condensa num permutador de calor é infinita, então

$$C_{min} = C_c = (m_c)(C_{pc}) = (0.4167)(4180) = 1741.806 \frac{W}{°C}, \text{ assim:}$$

$$c = \frac{C_{min}}{C_{max}} = \frac{1741.806}{0} = \infty.$$

Taxa máxima de transferência de calor

$$Q_{max} = (C_{min})(T_{h,in} - T_{c,in}) = (1741.806)(30 - 25) = 8705 \, W.$$

Método NTU

$$\text{NTU} = \frac{(U)(A_s)}{C_{min}} = \frac{(2000)(26)}{1741.806} = 29.86.$$

Eficácia do permutador de calor

De acordo com o valor NTU de 29,86, para c =∞ , da tabela 13.4 (edição de Cenkel 3rd) o

a expressão de eficácia torna-se:

$$\varepsilon = 1 - e^{-NTU} = 1 - e^{-29.86} = 0.99 \text{ quase 1.}$$

Transferência de calor real

$$Q = (\varepsilon)(Q_{max}) = (1)(8705) = 8705 \, W.$$

<u>**Caudal mássico de condensação do vapor**</u>

$$Q = (m)(h_{steam}), \quad m = \frac{Q}{h_{steam}} = \frac{8705}{2420} = 3.592 \frac{kg}{sec}.$$

18) A água é aquecida por vapor num permutador de calor de água com tubos em concha com os atributos distintos mostrados na Figura 18. Calcule o número de passagens dos tubos do permutador de calor. Considerar o calor específico da água como $C_{pwater} = 4180 \frac{J}{kg\,°C}$, D = 0,02 m, a taxa de transferência de calor Q = 500 kW, a densidade da água$\rho = 1000 \frac{kg}{m^3}$ e a velocidade da água u = 2 m/s.

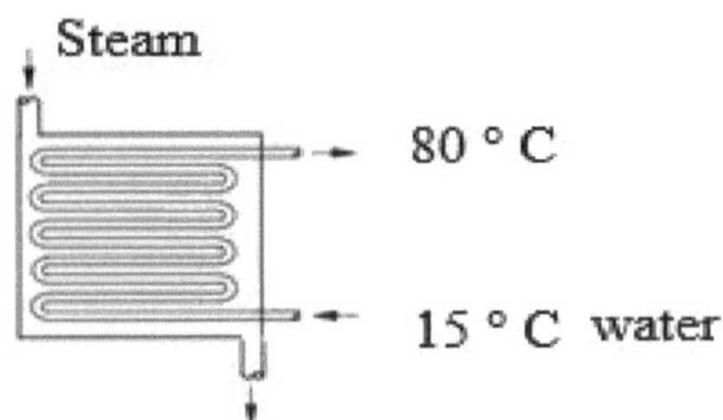

<u>**Figura 18: Permutador de calor de água com tubos de casca**</u>.

Solução

<u>**Caudal** mássico **da água**</u>

$$Q = (m_c)(C_{pc})(T_{c,out} - T_{c,in}),$$

$$m_c = \frac{Q}{(C_{pc})(T_{c,out} - T_{c,in})} = \frac{500,000}{(4180)(80 - 15)} = 1.84 \frac{kg}{s}.$$

<u>**Área total da secção transversal do tubo a partir da continuidade**</u>

$$m_c = (\rho)(u)(A_c), \qquad A_c = \frac{m_c}{(\rho)(u)} = \frac{1.84}{(1000)(2)} = 0.0092 \ m^2.$$

<u>**Número de tubos**</u>

$$A_s = (n)(\pi)\left(\frac{D^2}{4}\right), \qquad n = \frac{A_s}{(\pi)\left(\frac{D^2}{4}\right)} = \frac{0.0092}{(\pi)(\frac{0.02^2}{4})} = 2.$$

19) A água é aquecida por um óleo quente num permutador de calor de casco múltiplo e 20 passagens tubulares. Assumir as seguintes caraterísticas termodinâmicas: $C_{pwater} = 4180\frac{J}{kg°C}$, $C_{poil} = 2200\frac{J}{kg°C}$, $T_{h,in} = 120\,°C$, $T_{h,o} = 50\,°C$, $m_{oil} = 2\frac{kg}{s}$, $T_{c,i} = 15\,°C$, $m_{oil} = 2\frac{kg}{s}$, $m_{water} = 2.5\frac{kg}{s}$ and $U = 800\frac{W}{m^2\,°C}$. Calcule a taxa de transferência de calor, a temperatura de saída da água fria e a área total da superfície do permutador de calor para um fator de correção F = 1, utilizando o método LMT.

Solução

Taxa de transferência de calor

$$Q = (m_h)(C_{ph})(T_{h,in} - T_{h,o}) = (2)(2200)(120 - 50) = 308,000 \text{ W}.$$

Temperatura de saída da corrente fria

$$Q = (m_c)(C_{pc})(T_{c,out} - T_{c,in}), \quad T_{c,out} = T_{c,in} + \frac{Q}{(m_c)(C_{pc})} = 15 + \frac{308,000}{(2.5)(4180_-)} =$$

44.47 $°C$.

Toda a superfície do permutador de calor

$Q = (U)(A_s)\Delta T_{ln}$, Considerando que:

$\Delta T_{ln} = \frac{\Delta T_1 - \Delta T_2}{\ln|\frac{\Delta T_1}{\Delta T_2}|} = \frac{(120-44.47)-(50-15)}{\ln|\frac{77.53}{35}|} = 52.705\ °C$, reorganizando assim a fórmula

acima

fórmula, portanto: $A_s = \frac{Q}{(U)(\Delta T_{ln})} = \frac{308,000}{(800)(52.705)} = 7.304\ m^2.$

20) Considere-se um permutador de calor de fluxo paralelo de casco e tubo com 70 tubos construídos com um diâmetro exterior de tubo $D_o = 0.02\,m$ arrefece 95% ethyl alcohol $m_{ethylene} = 7\,\frac{kg}{s}$ e ($C_p = 3810\,\frac{j}{kg\,°C}$) de 60 para 40°C, utilizando água disponível a 20°C ($C_p = 4187\,\frac{j}{kg\,°C}$) a um caudal mássico $m_{water} = 6\,\frac{kg}{s}$. Assumir que o coeficiente global de transferência de calor é 500 $\frac{W}{m^2\,°C}$. Calcule a área da superfície e o comprimento do permutador de calor, assumindo uma temperatura média logarítmica $\Delta T_{ln} = 32\ °C$.

Solução

Taxa de transferência de calor

$$Q = (m_{ethylene})(C_{pethylene})(T_{h,in} - T_{h,out}) = (7)(3810)(60 - 40)$$
$$= 533{,}400\ W.$$

Temperatura de saída da água

$$Q = (m_{water})(C_{pwater})(T_{water,out} - T_{water,in}),\ T_{water,out}$$
$$= \frac{Q}{(m_{water})(C_{pwater})} + T_{water,in} = \frac{533{,}400}{(6)(4180)} + 20 = 21.27 + 20 = 41.27\,°C.$$

Área de superfície do permutador de calor

$$Q = (A)(U)(\Delta T_{ln}), \qquad A = \frac{Q}{(U)(\Delta T_{ln})} = \frac{533{,}400}{(500)(32)} = 33.37\ m^2.$$

Comprimento do permutador de calor

$$A = (\pi)(D)(L)(N), \qquad L = \frac{A}{(\pi)(D)(N)} = \frac{33.37}{(\pi)(0.02)(70)} = 7.586\ m.$$

<h1 style="text-align:center">Capítulo 5 Problemas de transferência de massa</h1>

1) A difusividade do tetracloreto de carbono (CCl4) através do oxigénio O2 é determinada numa célula de evaporação de Arnold em estado estacionário. A célula tem uma área vertical de $0,8\ cm^2$ foi operada a 273 K e a uma pressão de 760 cmHg e o comprimento médio dos diferentes trajectos é de 18 cm. Considerando que 0,0208 ci de CCl4 foram evaporados em 9 horas de funcionamento em estado estacionário. Calcule o valor da difusividade do CCl4 através do oxigénio.

Solução

Pressão de vapor do Ccl4 a 273 K = 33 mmHg, $\rho_{Ccl4} = 1.59\frac{g}{m^3}$ T = 273 K, $P_t =$ 760 $mmHg$, Z = 18 cm.

0,0208 ci de Ccl4 são evaporados em 9 horas:

$$\frac{(0.0208)(1.59)}{(9)(1.59)} = 2.36 * 10^{-5}\frac{gmol}{h},$$

N_A fluxo

$$N_A = \frac{(2.36*10^{-5})(10^{-3})}{(3600)(0.8*10^{-4})} = 8.194 * 10^{-8}\frac{kmol}{m^2s}.$$

Difusividade do CCl4

$N_A = \frac{(D_{AB})(P_t)}{(Z)(R)(T)}\ln\ |\frac{P_t-P_{A2}}{P_t-P_{A1}}|$, considerando $P_{A2} = 0$ e reorganizando em relação a D_{AB} dá:

$$D_{AB} = \frac{(Z)(R)(T)(N_A)}{P_t\ln|\frac{P_t}{P_t-P_{A1}}|} = \frac{(8.194*10^{-8})(18*10^{-2})(8314)(273)}{(\frac{760}{760}*1.1013*10^5)\ln|\frac{\frac{760}{760}(1,013*10^5)}{\frac{760}{760}(1,013*10^5-\frac{33}{760}*(1.013*10^5)}|} = 0.752 * 10^{-5}\frac{m^2}{s}.$$

2) Calcular a difusividade do tsoamil e da roda (C5H12O) em água de diluição infinita a 280 K. Considerar a viscosidade da águaμ = 1,145 cp e a massa molecular do C5H12O = 18.

Solução

Lei de Kopp

$$V_A = (5)(0.0148) + (12)(0.0037) + 1(0.0074) = 0.1258\frac{m^3}{kmol}.$$

φ = 2,26 (parâmetro associativo para o método do solvente).

Difusividade D_{AB}

$$D_{AB} = \frac{(11.73 * 10^{-18})(\varphi)(MB)^{0.5}(T)}{10^{-9}\,(\mu)(v_A^{0.6})} = \frac{(11.73 * 10^{-18})(2.26)(18^{0.5})(280)}{10^{-9}(0.01145)(0.1258)^{0.6}}$$

$$= 6.33 * 10^{-9}\,\frac{m^2}{s}.$$

3) Um cristal de sulfato de cobre CuSO4, através de um tanque de camadas de água pura a 15° C. A difusão molecular ocorre através de uma película de água uniforme, com 0,03 mm de espessura, que envolve o cristal. No lado interior da película adjacente à superfície, a concentração de CuSO4 para uma densidade de solução de $\rho_{sCuSo4} = 1123\,\frac{kg}{m^3}$ e a superfície da película exterior é água pura. Considerar a difusividade do CuSO4 como $8 * 10^{-8}\,\frac{m^2}{s}$, a respectiva temperatura a 298 K e o peso molecular do CuSO4 = 160. Calcule a taxa de dissolução do cristal, prevendo o fluxo de CuSO4, da superfície do cristal para a situação em massa. Tome o peso molecular da água, MW = 18 e a densidade da água $\rho_{water} = 1000\,\frac{kg}{m^3}$.

Solução

Peso molecular médio

$$MW_{average} = \frac{(0.12)(160)(0.88)(18)}{1} = 35.00.$$

CuSO4

$$\frac{\rho}{MW_{average}} = \frac{1123}{35} = 34.046.$$

H20

$$\frac{\rho}{MW_{average}} = \frac{1000}{18} = 55.55.$$

Rácio médio

$$\left(\frac{\rho}{MW}\right) = \frac{34.406 + 55.55}{2} = 44.798.$$

Fluxo de taxa de cristalização 0

$$N_A = \frac{D_{AB}\left(\frac{\rho}{MW}\right)\ln\left|\frac{1 - x_{A2}}{1 - X_{A1}}\right|}{z} = \frac{(8*10^{-3})(44.798)\ln\left|\frac{1}{1 - 0.12}\right|}{0.03*10^{-3}}$$

$$= 17.17*10^{-5}\,\frac{kmol\,m^2}{s}.$$

4) O amoníaco (NH3) difunde-se através do azoto gasoso por difusão a uma pressão total de $1,013*10^5$ Pa, a uma temperatura de 300 K. Considere-se que o percurso de difusão é de 0,2 m, a pressão parcial do amoníaco num ponto $p_{A1} = 1.6*10^4$ Pa, e noutro ponto $p_{A2} = 3.5*10^3$ Pa. Considerar a difusividade nestas condições $D_{AB} = 3.1*\frac{10^{-5}\,m^2}{s}$. Calcule o fluxo de amoníaco (NH3).

Solução

Fluxo de NH3

$$N_A = \frac{(D_{AB})(p_{A1} - p_{A2})}{(Z)(R)(T)} = \frac{(3.1*10^{-5})(1.5 - 0.35)*10^{-4}}{(0.2)(8314)(300)} = 7.1465*10^{-7}\,\frac{kmol}{m^2 s}.$$

5) O hidrogénio gasoso a p = 1 atm e 20° escoa através de um tubo de borracha de neopreno não vulcanizada com diâmetro de entrada $d_{inlet} = 30$ mm e diâmetro de saída $d_{outlet} = 60$ mm. Suponha-se que a concentração de hidrogénio na superfície inferior do tubo é de $2,3*10^{-3}\,\frac{kmol}{m^3}$, e a respectiva difusividade do hidrogénio é $D_{hydrogen} = 1.8*10^{-10}\,\frac{m^2}{s}$. Calcule a taxa de perda do hidrogénio por difusão, através de um tubo de 3 m de comprimento.

Solução

Espessura do tubo

$$Z = \frac{d_{out} - d_{in}}{2} = \frac{60 - 30}{2} = 15\,mm.$$

Taxa de difusão

$$V_A = \frac{(D_{AB})(S_A)(p_{A1}-p_{A2})}{z} = \frac{(D_{AB})(C_{A1}-C_{A2})^{\,0}}{z} = \frac{(D_{AB})(C_{A1})}{z} = \frac{(1.8*10^{-10})(2.3*10^{-6})}{0.015} =$$

$$0.363 * 10^{-10} \frac{kmol}{m^2 s}.$$

Área média

$$S_{av} = \frac{2(\pi)(L)(D_{out} - D_{in})}{(2)\ln \left| \frac{D_{out}}{D_{in}} \right|} = \frac{2(\pi)(3)(30 * 10^{-3})}{(2)\ln \left| \frac{60}{30} \right|} = 0.408 \text{ m}^2.$$

Taxa final de perda de hidrogénio por difusão

$$Rate = (S_A)(V_A) = (0.408)(0.363) * 10^{-10} = 0,148 * 10^{-10} \frac{kmol}{s}.$$

6) A 2 m^2 placa de naftaleno orientada paralelamente a uma corrente de ar u = 0,4 m/s. Suponha que a temperatura do ar é 273 K e p = 1 atm. A difusividade do naftaleno no ar $D_{AB} = 5.8*10^4 \frac{m^2}{s}$ e a pressão de vapor do naftaleno a 300 K é de 5 mmHg. Calcule a taxa de sublimação da placa. Tomar os seguintes valores de parâmetros $\mu_{air} = 0.0185 \, cp, \rho_{air} = 1.15 * 10^{-3} \frac{g}{cm^2}$ e D = L = 1 m.

Solução

$$N_{Sc} = \frac{\mu}{(\rho)(D_{AB})} = \frac{0.0185 * 10^{-3}}{(1.15 * 10^{-3})(10^3)(5.8 * 10^{-4})} = 0.0277 < 1.$$

Analogia de Chilton para o número de Reynolds

$$N_{Re} = \frac{(D)(\bar{v})(\rho)}{\mu} = \frac{(1.15*10^{-3})(10^3)(0.4)(1)}{0.0185*10^{-3}} = 24{,}864.86 \text{ (Turbulento)}.$$

Fator de atrito

$$f = (0.072)(N_{re})^{-0.25} = (0.072)(24{,}864.86)^{-0.25} = 5.73 * 10^{-3}.$$

Coeficiente de transferência de massa

$$\frac{f}{2} = \frac{k_c}{u}(N_{re})^{2/3}, \quad k_c = \frac{(f)(u)}{2(N_{re})^{2/3}} = \frac{(5.73*10^{-3})(0.4)}{(2)(24{,}864.86)} = 0.0125 \, mm.$$

$$N_A = k_c(c_{A1} - c_{A2}) = \frac{k_c(p_{A1} - p_{A2})}{(R)(T)} = \frac{(0.0125)*(1.013*10^5)}{(8314)(273)}$$

$$= 4.624*10^{-8}\,\frac{kmol}{m^2 s}$$

7) O dióxido de enxofre SO2 é transferido do ar para a água numa torre de absorção paralela, enquanto a taxa de massa para o fluxo é de 0,03 $\frac{kmol}{m^2 h}$ SO2, enquanto a concentração na fase líquida em fracções molares é de 0,0015 e 0,0005, respetivamente. Considerando que a difusividade do SO2 na água é de 1,8 $* 10^9\,\frac{m^2}{s}$, calcule o coeficiente de transferência de massa k_c e a espessura da películaδ . Considerar o peso molecular do SO2, MW = 18,06.

Solução

Fluxo de massa de SO2

$$m_{SO2} = \frac{(0.03)(1000)}{(3600)(100)(100)} = 8.33*10^{-7}\,\frac{gmol}{cm^2 s}.$$

$$C = \frac{\rho}{MW} = \frac{1}{18.06} = 0.055\,\frac{gmol}{cm^3}.$$

Coeficiente de transferência de massa

$$N_A = k_c(c_{A1} - c_{A2}) = (D_{AB})(\frac{(c_{A1} - c_{A2})}{\delta}$$, pelo que o coeficiente de transferência de massa respetivo é reorganizado: $k_c = \frac{(D_{AB})}{\delta} = \frac{N_A}{(C)(X_{A1} - X_{A2})} = \frac{8.33*10^{-7}}{(0.055)(0.0015-0.0005)} = 0.0151\,\frac{cm}{s}.$

Espessura da película

$$\delta = \frac{D_{AB}}{k_c} = 1.8*\frac{10^{-9}}{0.0151} = 1.19*10^{-7}\ \text{cm}.$$

8) Uma mistura de 25 % de (NH3) e 75 % de ar, em volume, a 1 atm, está em contacto com uma solução aquosa contendo $0{,}2\frac{gmol}{lt}$ e a condutividade do ar é tal que $\frac{k_G}{k_C} = 0.8$. Calcule a concentração e a pressão parcial na interferência.

Solução

Lei de Henry

p = (0.3672)(C) e no problema atual $p_{A1} = 0.3672(c_{A1})$

Taxa de fluxo de difusão

$$N_A = k_G(p_{AG} - p_{A\mathcal{G}})$$

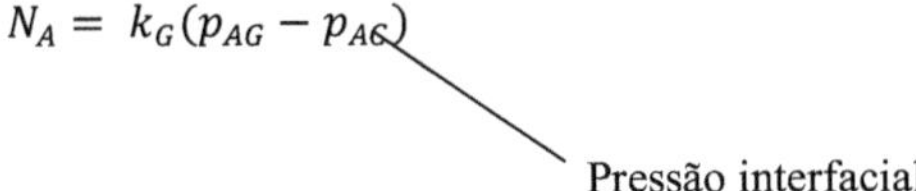

Pressão interfacial

$$N_A = k_C(c_{A1} - c_{A2})$$

Concentração interfacial composição da fase a granel

Dividindo ambos os lados, pode obter-se a concentração na inferência:

$$\frac{k_G}{k_C} = \frac{(c_{A1}- c_{A2})}{(p_{AG}-p_{A1})} = 0.8, \quad 0.8 = \frac{(c_{A1}-0.2)}{(0.25-0.3672(c_{A1}))} , \quad (0.8)((0.25) - 0.3762(c_{A1}) =$$

$$(c_{A1} - 0.2), \quad c_{A1} = 0.292\frac{kmol}{m^3}.$$

Pressão parcial

$$p_{A1} = 0.3672(c_{A1}) = (0.3672)(0.292) = 0.1072 \text{ atm.}$$

9) O gás puro é um biocombustível num jato laminar de líquido para um caudal volumétrico do líquido de 0,004 $\frac{m^3}{s}$, para um diâmetro do jato de 10 mm e um comprimento de 25 cm. A taxa de absorção de A nas condições atmosféricas é de 0,1 $\frac{cm}{s}$ a 300 K , e o ganho de solvabilidade é 0.002 $\frac{gmol}{cm^2}$. Considerando que o diâmetro do jato é reduzido a 9 mm e que a taxa de absorção molar é de 0,5 $* 10^{-5} \frac{gmol}{s}$, calcule o:

i)   difusividade do gás puro D_{AB}.

ii)   taxa de impacto da evaporação, nas mesmas condições.

Considerar a validade da teoria da penetração de Higbie.

Solução

i)   **Taxa de difusividade do gás puro**

$$N_A = (k_C)(A)(c_A^* - c_A) \text{ (1), Considerando que: } k_{Caverage} = 2 \left(\frac{D_{AB}}{(\pi)(t)}\right)^{0.5} \text{ (2)}$$

$A = (\pi)(D)(L) = (\pi)(1)(2.5) = 7.8535 \text{ m}^2.$

$c_A^* = 0.0002\frac{gmol}{cm^2}$, $c_A = 0$, e, por conseguinte, a reorganização de (1) dá o seguinte

$$k_C = \frac{N_A}{(A)(c_A^*)} = \frac{0.5 * 10^{-5}}{(7.8535)(0.002)} = 3.185 * 10^{-4}\frac{cm}{s}.$$

Tempo de contacto

$$t = \frac{Bubble\ lenth}{Linear\ velocity} \text{ (3), em que a velocidade linear é dada pela continuidade a partir de:}$$

$$Linear\ velocity = \frac{Q}{A} = \frac{(0.004)(4)}{(\pi)(0.01)^2} = 50.995\frac{m}{s}$$

Assim, substituindo em (3), obtém-se $t = \frac{0.25}{50.995} = 0.0049\ s.$

Taxa de difusão

Considerando estes valores e substituindo-os em (2)

$$k_{Caverage} = 2 \left(\frac{D_{AB}}{(\pi)(t)}\right)^{0.5}, (3.185 * 10^{-4})^2 = \frac{(4)(D_{AB})}{(\pi)(0.049)}, D_{AB} = 3.9 * 10^{-5}\frac{cm^2}{s}.$$

ii)   **Diâmetro reduzido de 9 mm = 0,9 cm**

Área: $A = (\pi)(D)(L) = (\pi)(0,9)(2,5) = 7,0685 \text{ cm}^2.$

Cálculo da velocidade linear a partir da continuidade.

$$v = \frac{Q}{A} = \frac{0.004}{\frac{(\pi)(0.9)(0.9)}{4}} = 1.965\frac{cm}{s}.$$

<u>**Tempo de contacto**</u>

$$t = \frac{Bubble\ lenth}{Lineat\ velocity} = \frac{2.5}{1.965} = 1.272\ s.$$

Hence, $k_{L(average)} = 2\left(\frac{D_{AB}}{(\pi)(t)}\right)^{0.5} = 2\left(\frac{3.2*10^{-5}}{(\pi)(1.272)}\right)^{0.5} = 0.0031\frac{cm}{s}.$

<u>**Taxa de impacto da evaporação**</u>

$$N_A = k_{L(average)}(A)(c_A^*) = (0.0031)(7.0685)(0.0002) = 4.42*10^{-6}\frac{gmol}{s}.$$

10) O ar a 25° C está a fluir a uma velocidade de 1500 cm/s, através de um tubo revestido com um ácido de 23 mm de diâmetro para um comprimento de tubo de 190 cm. Considere $\mu = 1{,}75*10^{-4}$, $\rho = 0.012\frac{g}{cm^3}$, $D_{AB} = 0.062\frac{cm^2}{s,}$, $c_{A1} = 1.5*10^{-3}\frac{gmol}{cm^2}$. Calcular o número de Reynolds, o número de Schmidt, o fator de pele e o caudal de difusividade.

Solução

<u>**Número de Reynold**</u>

$$Re = \frac{(D)(v)(\rho)}{\mu} = \frac{(2.3)(1500)(1.25*10^{-3})}{1.75*10^{-4}} = 24640.\ \text{(Fluxo turbulento)}$$

<u>**Schmidt number**</u>

$$Sc = \frac{\mu}{(\rho)(D_{AB})} = \frac{1.75*10^{-4}}{(1.2*10^{-3})(0.002)} = 2.822.$$

<u>**Fator de pele**</u>

$$C_f = 2(0.036)(Re)^{-0.25} = (2)(0.036)(24640)^{-0.25} = 5.75*10^{-3}.$$

<u>**Taxa de difusividade**</u>

$$\frac{C_f}{2} = \frac{k_c}{u_o}(Sc)^{\frac{2}{3}},\ k_c = \frac{C_f}{2}(u_o)(Sc)^{-\frac{2}{3}} = 5.75*\frac{10^{-3}}{2}(1500)(2.892)^{-\frac{2}{3}} = 2.13\frac{cm}{s}.$$

11) A pressão parcial do vapor de água numa mistura de vapor a uma pressão total de 105 kPa e a uma temperatura de 150° C é de 10 kPa. Exprima a concentração de vapor de água em i) humidade absoluta, ii) moles fraccionados, iii) fração volumétrica, iv) humidade relativa, v) g água / m^3 de mistura. Considere que a pressão de vapor é de 15 kPa a 50° C, que o peso molecular do vapor de água é de 18 e que o vapor é de 18,83.

Solução

i) <u>**Humidade absoluta**</u>

$$y = \frac{p_A}{p_t - p_A} = \frac{10}{105 - 10} = 0.1052 \; \frac{\text{kmol water vapour}}{\text{kmol of dry air}}.$$

$$y' = (y)\left(\frac{18}{18.84}\right) = (0.1052)\left(\frac{18}{18.84}\right)$$

$$= 0.0656 \; kg \; water \; vapour \; \frac{kg \; water \; vapour}{kg \; of \; dry \; air}.$$

ii) <u>**Fração molecular**</u>

Fração molecular $= \frac{p_A}{p_t} = \frac{10}{105} = 0.095.$

iii) <u>**Fração volumétrica**</u>

Fração volumétrica = Fração molecular = 0,95.

iv) <u>**Humidade relativa**</u>

$$RH = \left(\frac{p_A}{p_B} * 100\right) = \frac{10}{15} * 100 = 66.67 \; \%.$$

$$\text{Humid volume, VH} = (8315)\left(\frac{1}{M_B} + \frac{1}{M_A}\right)\left(\frac{T_a + 273}{p_t}\right)$$

$$= (8315)\left(\frac{1}{28.84} + \frac{1}{18}\right)\left(\frac{333}{105 * 10^3}\right) = 1.015 \; m^3 \; \frac{mixture}{kg \; dry \; air}.$$

v) $\dfrac{g \; water}{m^3 \; of \; mixture} = \dfrac{y'}{VH} = \dfrac{00656}{1.015} = \dfrac{0.0646 \; kg \; water}{1.015 \; m^3 of \; mixture} = 0.0646 \dfrac{kg \; water}{m^3 \; of \; mixture}.$

12) Ar de peso molecular MA = 18 água com um vapor de peso molecular MB = 28,84 mistura com uma temperatura de bolbo seco de 45° C, com uma humidade de 0,095 $\frac{kmol \; water \; vapour}{kmol \; of \; dry \; air}$ à pressão atmosférica (1 atm). Calcular i) a humidade absoluta, ii) o volume húmido, iii) a carga húmida e iv) a entalpia total.

<u>**Solução**</u>

i)   Humidade absoluta

$$y' = (y)\left(\frac{18}{28.84}\right) = (0.095\left(\frac{18}{28.84}\right) = 0.0156 \frac{kg\ H20\ vapour}{kg\ of\ dry\ air}$$

Assim, a partir da carta psicométrica mostrada na figura abaixo para $y' = 0{,}0156\ and\ T = 95\ °C,$ a humidade será de 40%.

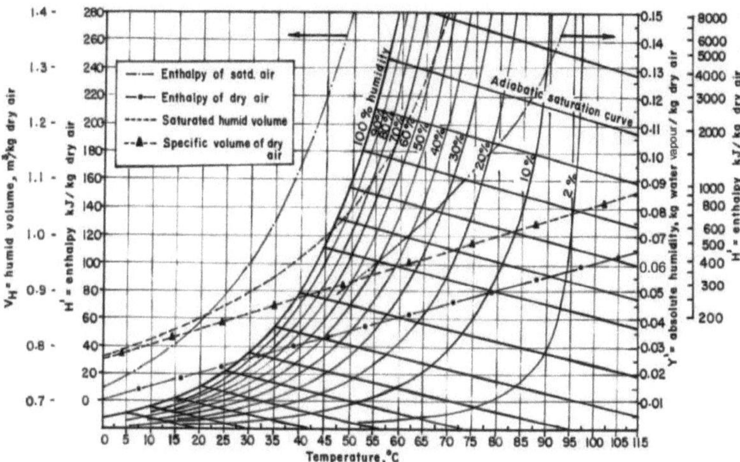

Figura 1: Gráfico psicométrico a uma pressão de 1 atm, (*Cortesia de Anatharaman e Meca Sheriffa Begum, Handbook on Heat and Mass transfer, theory and practice, Eastern Economy edition, com permissão*).

ii)   <u>**Volume húmido**</u>

$$HV = 8315\left(\frac{1}{M_B} + \frac{y'}{M_A}\right)\left(\frac{T_G + 273}{p_t}\right) = 8315\left(\frac{1}{18} + \frac{0{,}0156}{28.84}\right)\left(\frac{45 + 273}{1}\right)$$

$$= 1.406\ \frac{mixture\ m^3}{kg\ of\ dry\ air}.$$

iii)   <u>**Carga húmida**</u>

$$C_s = 1005 + (18.84)(y') = 1005 + (18.84)(0.0156) = 1005.29\frac{j}{kg\ air\ °C}.$$

iv) <u>Entalpia</u>

$$H = (C_s)(t_g) + (2502300)(y') = (1005.29)(318) + (2502300)(0.0156)$$

$$= 343{,}118 \% \frac{j}{kg} \ of \ dry \ air.$$

13) Uma torre de arrefecimento arrefece $2\,\frac{tn}{hr}$ de água, de 85° C para 15° C, com o ar a entrar a 10° C e uma humidade de 0,0003 kg / kg e o ar a sair da torre a 20° C. Assuma que a área da secção transversal é 18 m^2. Calcule a velocidade do ar em $\frac{kg}{hr\,m^2}$ e a qualidade da água de captação necessária.

Solução

Humidade do ar de entrada $= 0{,}003\ \dfrac{kg}{kg\ of\ dry\ air}$.

Humidade do ar de saída $= 0{,}0015\ \dfrac{kg}{kg\ of\ dry\ air}$.

Entalpia do ar de entrada $= 18{,}11\dfrac{kj\ of\ dry\ air}{kj}$.

Entalpia de saída do ar $= 57{,}16\ \dfrac{kj\ of\ dry\ air}{kj}$.

<u>**Água evaporada**</u>

$$W = m_{dry\ air}(0.015 - 0.003) = 0.012\, m_{dry\ air} \quad (1).$$

<u>**Balanço energético**</u>

Calor total que entra = Calor total que sai.

Calor que entra na água + Calor que entra no ar = Calor que sai da água + Calor que sai do ar

ar,

$$(200{,}000(4.18)(25) + (m_{dry\ air}\left(H_{in,out}\right) = (2000{,}000 - w)(4.187)(15),$$

também

substituindo a expressão da respectiva água evaporada na equação (1) obtém-se

$$200,000(4.18)(25) + (m_{dry\ air}(H_{in,out}) = (2000,000 -$$

$$(0.012)(m_{dry\ air})(4.187)(15),\ m_{dry\ air} = 1482,427.2\tfrac{kg}{hr}.$$

Velocidade do ar

$$v = \frac{m_{air}}{(18)} = \frac{1482,497.2}{18} = 82,360.55\frac{kg}{(h)\,(m^2)}.$$

Composição da água

$$W = (0.012)(m_{dry\ air}) = (0.012)(1482,497.2) = 17,789.96\tfrac{kg}{hr}.$$

14) Uma câmara de pulverização horizontal com recirculação de água é utilizada para humidificação adiabática e arrefecimento do ar. A área da secção transversal da câmara é de 9 m^2 com um caudal volumétrico de 4 $\frac{m^3}{s}$ a uma temperatura de bolbo seco de 50° C e uma humidade absoluta de 0,012 $\frac{kg\ water}{kg\ dry\ air}$ e o ar é arrefecido e humedecido para secar a temperatura de bolbo seco de 30 ° C e folhas a 80 % de saturação. O coeficiente de transferência de massa do fluxo volumétrico é 1.11 $\frac{kg}{m^3\ h}$ e a sua densidade é 1,113 $\frac{kg}{m^3}$. Calcule o comprimento da câmara para estes requisitos.

Solução

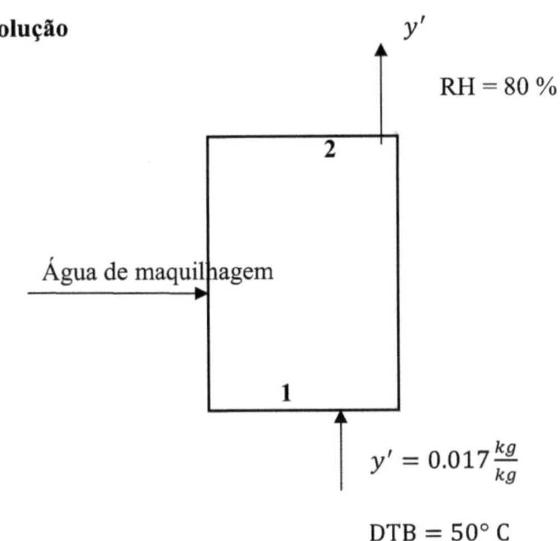

Área da secção transversal da câmara $A_c = 4\ m^2$.

Caudal volumétrico de 4 $\frac{m^3}{s}$.

Humidade do ar de entrada $= 0{,}012 \frac{kg\ of\ water}{Kg\ of\ dry\ air}$.

Caudal mássico

$$m_{air} = (V)(\rho) = (4)(1.113) = 4.452 \frac{kg}{s}.$$

$$G_s = \frac{m_{air}}{1.017} = \frac{4.452}{1.017} = 4.377\ \frac{kg}{s}.$$

Humidade do ar de saída $= 0{,}03\ \frac{kg}{kg}$, portanto $Y_{abs} = 0.032 \frac{kg}{kg}$.

Comprimento da câmara

$$\ln\left|\frac{Y'_{abs} - Y'_1}{Y'_{as} - Y_1}\right| = \frac{(K_{ga})(Z)}{G_s}\,, \qquad \ln\left|\frac{0.032 - 0.012}{0.032 - 0.03}\right| = 1.11\frac{Z}{4.377}\,,$$

$$Z = \frac{(2.306)(4.377)}{1.1} = 9.175\ m.$$

15) Uma mistura de azoto - vapor de acetona de 750 mmHg e a 20° C, com uma percentagem de saturação de 75 %. Suponha que a pressão de vapor da acetona a 20° C é de 170 mmHg. Calcular a (i) humidade absoluta, (ii) pressão parcial da acetona, (iii) humidade modal absoluta, (iv) percentagem volumétrica de acetona.

Solução

i)   **Humidade absoluta**

$$Y'_s = \left(\frac{p_A}{p_t - p_A}\right)\left(\frac{58}{28}\right) = \frac{170}{(750 - 170)}\left(\frac{58}{28}\right) = 0.6069 \frac{kg\ acetone}{kg\ nitrogen}.$$

Assim, a % de saturação é igual a:

$$\frac{Y'}{Y'_s} = 0.75, Y' = (0.75)(0.6069) = 0.455\ kg\frac{acetone}{kg\ nitrogen}$$

ii)   **Pressão parcial da acetona**

$$Y' = \left(\frac{p_A}{p_t - p_A}\right)\left(\frac{58}{28}\right) = 0.455, \qquad \frac{p_A}{p_t - p_A} = 0.219, p_A = (700 - p_A)\,(0.219),$$

$$p_A = \frac{153.3}{1.219} = 125.76 \, mmHg.$$

iii) **Humidade absoluta do modelo**

$$Y = \frac{p_A}{p_t - p_A} = \frac{125.76}{700 - 125.76} = 0.219 \frac{kmol\ acetone}{kmol\ nitrogen}.$$

iv) **Volume de 0,219 kmol de acetona de vapor no NTP**

Da lei dos gases ideais, o volume da acetona e do azoto a 20° C, dá:

$$\frac{P_1 V_1}{T_a} = \frac{P_2 V_2}{T_s}, \quad V_2 = \frac{(P_1)(V_1)(T_2)}{P_2} = \frac{(4.9086)(293)(760)}{(700)(293)} = 4.766 \, m^3.$$

O volume total da acetona e do azoto passa a ser: $V_{total} = 4.766 + 24.33 = 29.096 \, m^3$.

Valor percentual total da acetona

$$\frac{4.766}{24.22} * 100 = 19.63 \, \%.$$

16) Uma peça de roupa de lã é seca num secador de ar quente desde uma humidade inicial de 70% até uma humidade final de 15%. Se a humidade crítica é de 35% e a humidade de equilíbrio é de 5%, calcule a economia de tempo de secagem, se o modelo for seco a 12% em vez de 5%. Todas as condições de secagem permanecem as mesmas. Assumir: $X_2' = 12\,\%, X_1 = 70\,\%, \ X_{cr} = 35\,\%,, X_2 = 50\,\%, \ X^* = 5\,\%$.

Solução

$$E_{T1} = \frac{L_s}{(A)(N_c)} \ (X_1 - X_{cr}) + (X_{cr} - X^*) \ln \left| \frac{X_{cr} - X^*}{X_2 - X_1} \right|$$

$$E_{T'} = \frac{L_s}{(A)(N_c)} \ (X_1 - X_{cr}) + \left[(X_{cr} - X^*) \ln \left| \frac{X_{cr} - X^*}{X_2 - X^*} \right| \right]$$

$$E_T = \frac{L_s}{(A)(N_c)} \ (X_1 - X_{cr}) + \left[(X_{cr} - X^*) \ln \left| \frac{X_{cr} - X^*}{X_2 - X^*} \right| \right]$$

Assim, dividindo as duas últimas equações, obtém-se

$$\frac{E_{T'}}{E_T} = \frac{(X_1 - X_{cr})}{(X_1 - X_{cr})} + \left[\ln\left|\frac{X_{cr} - X^*}{X_2 - X^*}\right|\right] = \frac{(0.7 - 0.35)}{(0.7 - 0.35)}\ln\left|\frac{0.35 - 0.05}{0.12 - 0.05}\right| = 0.886.$$

Assim, a redução torna-se:

$$\left(\frac{E_T - E_T'}{E_t'}\right) = \frac{(E_T - 0.886E_T)}{0.866E_T} = 12.86\,\%$$

17) Um bolo de filtro é seco durante 3 horas a partir de um teor de humidade inicial de 20 % até um teor de humidade final de 5 % e o teor de humidade de equilíbrio é de 5 % (base seca). Supondo que o teor de humidade é de 12 % (base seca) e que a taxa de humidade de secagem no período de taxa decrescente é diretamente proporcional ao teor de humidade final, calcule o tempo decorrido desde o estado inicial até ao estado final.

Solução

$$x_1 = 0.2,\ x_f = 0.05, X_1 = \frac{0.2}{1 - 0.2} = 0.25, \qquad X_{cr} = 0.012,$$

$$X_{final} = X_2 = \frac{0.05}{1 - 0.05} = 0.0526.\quad X^* = 0.05,\ X_2' = \frac{0.05}{1 - 0.05} = 0.0526.$$

Assim,

$$E_T = \frac{L_s}{(A)(N_c)}(X_1 - X_{cr}) + \left[(X_{cr} - X^*)\ln\left|\frac{X_{cr} - X^*}{X_2 - X^*}\right|\right]\quad \text{e substituindo os respectivos}$$

dados obtém-se

$$3 = \frac{L_s}{(A)(N_c)}(0.25 - 0.12) + \left[(0.25 - 0.05)\ln\left|\frac{0.25 - 0.05}{0.0526 - 0.05}\right|\right],$$

$$\frac{L_s}{(A)(N_c)} = \frac{3}{0.998} = 4.3428.$$

Por conseguinte:

$$E_{T'} = (3)(0.25 - 0.13) + \left[(0.12 - 0.05)\ln\left|\frac{0.012 - 0.05}{0.0526 - 0.05}\right|\right] = 0.664\ hr.$$

18) 800 kg de ar seco de um sólido não poroso são secos em condições de secagem constantes com uma velocidade do ar de 1 m/s, de modo que a área de superfície de secagem é de 50 m^2. Considerando que a humidade crítica do material é de 0,08 $\frac{kg\ water}{kg\ dry\ solid}$.

i)   Considerando que a taxa inicial de secagem é de 0,3 $\frac{g}{m^2 s}$ Calcule o tempo necessário para secar o material de 0,1 a 0,02 $\frac{kg\ water}{kg\ dry\ solid}$.

ii)   Supondo que a velocidade do ar é de 3 m/s, calcular a poupança de tempo prevista se a superfície evaporada for controlada.

Solução

i) $E_T = \left(\frac{L_s}{AN_c}\right)(X_1 - X_{cr}) + (X_{cr} - X^*)\ln\left|\frac{X_{cr}-X^*}{X_2-X^*}\right| = \frac{800}{(50(0.3*10^{-3})}(0.1 -$

$0.08) + (0,08)\ln\left|\frac{0.08}{0.02}\right| = (53,333.33)(0.02) + (0.08)\ln(4) = \frac{1069.43}{3600} =$

0.297 hr.

ii)   Evaporação à superfície e o ar move-se paralelamente à superfície,

$N_c \approx G^{0.7}$, $G = (\rho)(V)$, $N_c = (\rho)(V)^{0.7}$, assim, em 2 posições diferentes dá:

$\frac{N_{c1}}{N_{c2}} = \frac{(\rho_1)(V_1)^{0.7}}{(\rho_2)(V_2)^{0.7}}$, $N_{c2} = (N_{c1})\frac{(V_2)^{0.7}}{(V_1)^{0.7}} = (0.3*10^{-3})(3)^{0.7} = 0.654 *$

$10^{-3}\frac{kg}{m^2 s}$.

<u>Tempo previsto</u>

$$E_T = \left(\frac{L_s}{AN_c}\right)(X_1 - X_{cr}) + (X_{cr} - X^*)\ln\left|\frac{X_{cr} - X^*}{X_2 - X^*}\right|$$

$$= \frac{800}{(50(0.654*10^{-3})}(0.3 - 0.2) + (0.2)\ln\left|\frac{0.2}{0.02}\right|$$

$$= (24,464.33)(0.1) + (0.1)(0.4605) = \frac{24464.83}{3600} = 6.796\ hr = 7hrs.$$

<u>Tempo poupado</u>

TS = 6,796 - 0,297 = 6,5 horas.

19) Um secador comercial necessitou de 5 horas para secar um material húmido de 30 %
para 13 % em base seca. Tomar o teor de humidade crítico e o teor de humidade de
equilíbrio a 15 % e 10 % em base seca. Calcule o tempo necessário para secar o material
de uma humidade de 40 % para 8 % em base seca, para condições de secagem
inalteradas.

Solução

$$E_T = \left(\frac{L_s}{AN_c}\right)(X_1 - X_{cr}) + (X_{cr} - X^*)\ln\left|\frac{X_{cr}-X^*}{X_2-X^*}\right|,$$

$$5 = \left(\frac{L_s}{AN_c}\right)(0.3 - 0.13) + (0.15 - 0.1)\ln\left|\frac{0.15-0.1}{0.13-0.1}\right|,$$

$$\frac{L_s}{AN_c} = \frac{5}{0.17+(0.05)(0.51)}, \quad \frac{L_s}{AN_c} = 25.575 \text{ hrs.}$$

Suponha que $X_1 = 0.4, X_2 = 0.08$ o tempo total passa a ser:

Tempo total

$$E_T = (25.575)(0.4 - 0.15) + (0.15 - 0.1)\ln\left|\frac{0.15-0.1}{0.08-0.1}\right|, \quad E_T = 6.43 \text{ hrs.}$$

20) Uma placa de pasta de papel ($1,2 \times 1,2 \times 3$ mm), de espessura, é seca em condições
constantes de 16 % para 9 % de humidade. Assumir que a humidade de equilíbrio é de
3 % em base seca e que a humidade crítica é de 0,5 $\frac{kg\ water}{kg\ dry}$ pasta. Tomar a taxa de
secagem num ponto crítico 13 $\frac{kg}{m^2 h}$ e a densidade da pasta seca é 0,2 $\frac{g}{cm^3}$. Considerando
que a secagem se efectua apenas a partir de duas grandes faces, estimar o tempo de
secagem a prever.

Solução
Área de pasta
$$A = (1.2)(1.2) = 1.44 \text{ m}^2.$$
Volume de pasta
$$V = (1.2)(1.2)(0.003) = 0.00432 \text{ m}^3.$$
Massa de pasta
$$L_s = (V)\left(\rho_{\text{pulp}}\right) = (0.00432)(0.2 * 10^{-3}) = 0.864 \text{ kg.}$$

Considerando que a humidade inicial é inferior a X_{cr}, $(X_1 < X_{cr})$ não existe um período de secagem de taxa constante e apenas se observa um período de taxa decrescente. Assim, a fórmula é rearranjada como:

$$E_T = \left(\frac{L_s}{A N_c}\right)(X_{cr} - X^*)\ln\left|\frac{X_1 - X^*}{X_2 - X^*}\right| = \frac{0.864}{(1.44)(1.3)}(0.5 - 0.03)\ln\left|\frac{0.16 - 0.03}{0.09 - 0.03}\right|,$$

$$E_T = 0.167 \text{ hrs.}$$

REFERÊNCIAS

Anatharaman N., Merca Sheriffa Begum K,M (2011)., '' Mass Transfer Theory and Practice ''., Prentice Hall.

Bergman T.L ., Lavine A.S., Incropera F.P., De Witt D.P., (2011)., '' Fundamental of Heat and Mass Transfer '' ., 7th edition, John Wiley & Sons.

Cengel Y.A (2011)., '' Heat and Mass Transfer, (SI Units): A Practical Approach ''., 3rd edition, pp:900.

Cengel Y.A., & Ghajar ,A.J., (2015)., '' Heat and Mass Transfer fundamentals & Applications ''., McGraw-Hill Education.

Holman J.P., (2010)., '' Heat Transfer ''., 10th edition, McGraw-Hill education. ISBN:0073529362, pp:758.

More
Books!

Printed by Books on Demand GmbH, Norderstedt / Germany